S
2010

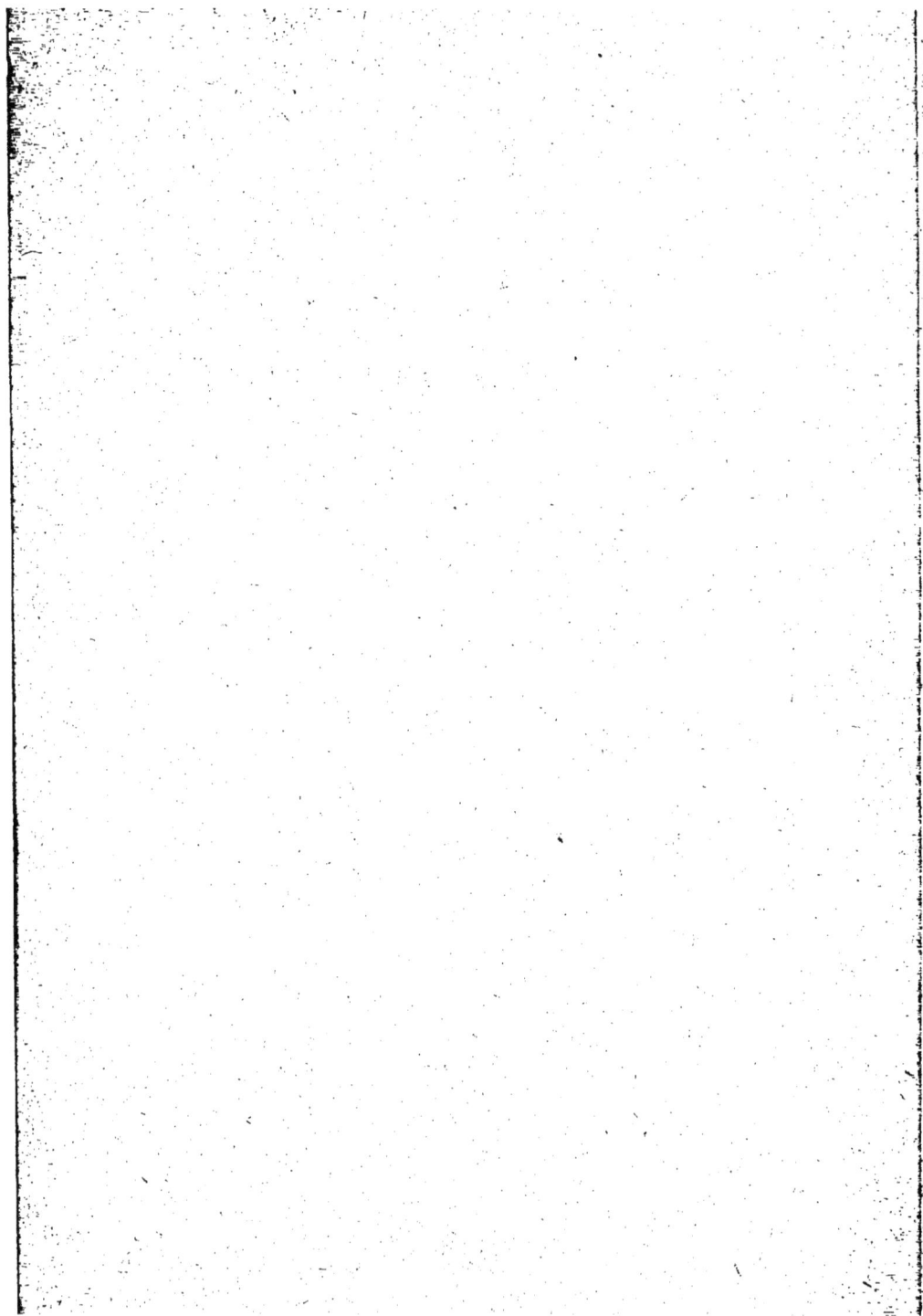

RÉPUBLIQUE FRANÇAISE

MINISTÈRE DE L'AGRICULTURE
ADMINISTRATION DES EAUX ET FORÊTS

EXPOSITION UNIVERSELLE INTERNATIONALE DE 1900
À PARIS

RESTAURATION ET CONSERVATION
DES TERRAINS EN MONTAGNE

LA PROCESSIONNAIRE DU PIN
(CNETHOCAMPA PITYOCAMPA)
MŒURS ET MÉTAMORPHOSES, RAVAGES, DESTRUCTION

PAR M. CALAS
INSPECTEUR ADJOINT DES EAUX ET FORÊTS

PARIS
IMPRIMERIE NATIONALE

MDCCCC

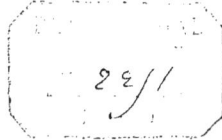

RESTAURATION ET CONSERVATION

DES TERRAINS EN MONTAGNE

LA PROCESSIONNAIRE DU PIN

(CNETHOCAMPA PITYOCAMPA)

MOEURS ET MÉTAMORPHOSES, RAVAGES, DESTRUCTION

RÉPUBLIQUE FRANÇAISE

MINISTÈRE DE L'AGRICULTURE

ADMINISTRATION DES EAUX ET FORÊTS

EXPOSITION UNIVERSELLE INTERNATIONALE DE 1900
À PARIS

RESTAURATION ET CONSERVATION
DES TERRAINS EN MONTAGNE

LA PROCESSIONNAIRE DU PIN
(CNETHOCAMPA PITYOCAMPA)

MŒURS ET MÉTAMORPHOSES, RAVAGES, DESTRUCTION

PAR M. CALAS

INSPECTEUR ADJOINT DES EAUX ET FORÊTS

PARIS
IMPRIMERIE NATIONALE

MDCCCC

RESTAURATION ET CONSERVATION

DES TERRAINS EN MONTAGNE.

LA PROCESSIONNAIRE DU PIN

(*CNETHOCAMPA PITYOCAMPA*)

MOEURS ET MÉTAMORPHOSES, RAVAGES, DESTRUCTION.

INTRODUCTION.

Les travaux de reboisement nécessitent l'emploi, sur une vaste échelle, de plants résineux. Cet emploi est légitimé par la facile reprise des plantations et la réussite des semis, par la croissance rapide d'à peu près tous les pins, par leur rusticité surtout et leur accommodement aux sols les plus pauvres et les plus épuisés. Mais ces qualités remarquables sont malheureusement contre-balancées par le peu de résistance qu'ils offrent aux attaques de très nombreux ennemis tant végétaux (cryptogames) qu'animaux (insectes).

Parmi ces derniers, quelques-uns sont particulièrement redoutables et, sans vouloir établir une classification, d'ailleurs sans objet, nous estimons que l'attention des reboiseurs doit être tout particulièrement appelée sur le *Cnethocampa pityocampa*, Processionnaire du pin, connue également sous le nom de Chenille urticante, dont les ravages sont considérables.

Cet insecte a un habitat plutôt méridional. Il remonte néanmoins assez loin dans le Plateau central et les Alpes. Si on considère que les travaux de reboisement sont exécutés dans les Alpes, les Pyrénées et le versant méridional du Plateau central, que la Processionnaire du pin porte surtout ses ravages dans les jeunes plantations résineuses et enfin que ces plantations résineuses jouent un rôle important dans l'œuvre capitale de la restauration des montagnes, on conçoit l'intérêt, pour ne pas dire la nécessité, d'avoir une connaissance complète des métamorphoses et des mœurs de cet ennemi, de façon à pouvoir entreprendre une lutte efficace contre lui.

Nous avons malheureusement un champ d'études permanent dans les Pyrénées-Orientales, où la Processionnaire du pin, qui s'y est montrée en 1887, n'a pas cessé, depuis treize ans, de commettre des dégâts. Nous avons donc pu l'étudier et rechercher les moyens de protéger les jeunes peuplements. C'est le résultat de ces études et de ces recherches qui est consigné dans le présent ouvrage.

La durée de nos observations nous permet d'espérer leur exactitude.

Nous devons d'ailleurs ajouter que tout notre travail se rapporte à des études faites dans les Pyrénées-Orientales. Il pourra en résulter de très légères variations dans les dates et les époques. Il est probable également, il est même certain, qu'avec des conditions différentes de température, de situation, d'exposition, etc., certains faits, certaines méthodes devront subir de légères modifications. Mais ces modifications ne porteront que sur des questions accessoires et sans grande importance.

Notre ouvrage se divise en trois parties bien distinctes :

Première partie. -- Description du *Cnethocampa pityocampa*, vulgo Processionnaire du pin, de ses mœurs et différentes métamorphoses.

Deuxième partie. -- Étude des ravages et dégâts causés par cet insecte, spécialement dans les jeunes plantations.

Troisième partie. -- Moyens de le combattre et conclusions.

Comme ce travail n'est pas spécialement destiné aux entomologistes, mais à ceux qui, soit comme propriétaires ou régisseurs de forêts, soit comme agents forestiers, soit en toute autre qualité, sont intéressés à connaître et à détruire un des plus redoutables ennemis des plantations de pins, nous ne craindrons pas, dans la description minutieuse que nous ferons de la Processionnaire du pin, de donner des détails abondants parmi lesquels certains, communs à beaucoup d'autres insectes, pourront sembler puérils. Mais ces détails intéresseront sûrement les lecteurs peu familiarisés avec l'étude des insectes.

De même nous nous étendrons spécialement sur les points qui nous paraissent les plus importants au point de vue qui nous occupe. C'est ainsi, par exemple, que l'étude de l'insecte pendant une seule des phases de sa vie, à l'état de chenille, nous retiendra autant, sinon plus, que l'étude des trois autres phases. C'est en effet la chenille qui commet les ravages qu'il importe d'arrêter, et c'est sous cette forme qu'il est le plus facile d'atteindre l'insecte.

Enfin nous éviterons, autant que possible, l'emploi des mots trop techniques, ou du moins nous tâcherons d'en donner l'explication, chaque fois qu'il ne sera pas possible de les remplacer par des mots usuels.

PREMIÈRE PARTIE.

DESCRIPTION DU *CNETHOCAMPA PITYOCAMPA*, PROCESSIONNAIRE DU PIN;

MŒURS ET MÉTAMORPHOSES.

Le *Cnethocampa pityocampa* (improprement dénommé *Bombyx pinivora* par Mathieu) est connu vulgairement sous le nom de Processionnaire du pin.

C'est un insecte de l'ordre des Lépidoptères, légion des Hétérocères, tribu des Bombyciens, famille des Liparides. C'est dans la tribu des Bombyciens qu'on trouve les plus utiles et les plus nuisibles des Lépidoptères. Il suffit de citer le ver à soie et le Lasiocampe du pin. La famille des Liparides comprend de nombreux genres, la plupart redoutables, et parmi eux le genre *Cnethocampa*, représenté en France par les deux espèces *processionea* et *pityocampa*.

Ces deux espèces très voisines ne présentent, au point de vue purement descriptif, que fort peu de caractères distincts. Mais elles sont différenciées par un fait d'importance capitale. La première se nourrit exclusivement de feuilles de chêne, la seconde d'aiguilles de pin. Les conséquences de cette différence de nourriture sont considérables. Les mœurs des deux insectes varient du tout au tout. La première, se nourrissant de feuilles caduques, doit avoir sa phase de chenille au printemps et à l'été. C'est pendant l'automne et l'hiver que la seconde dévore les aiguilles de pin. Toutes deux vivent en colonies dans un abri spécial, mais la première l'établit sous forme de tente brune près du sol, contre le tronc des chênes; la seconde la construit sous forme d'enveloppe ovoïde blanche, à l'extrémité des branches, à proximité des jeunes pousses. Toutes deux conservent cependant, soit pour aller à la recherche de leur nourriture. soit dans leur migration finale. la marche caractéristique qui leur a valu le nom de Processionnaire.

Ce nom étant celui sous lequel elles sont vulgairement connues,
nous conserverons. dans ce qui va suivre. au *Cnethocampa pityocampa*, le nom de Processionnaire du pin.

Les métamorphoses des Lépidoptères. si curieuses et si inattendues. frappent les esprits les moins observateurs; il n'est donc pas
étonnant qu'elles soient connues depuis la plus haute antiquité.
Rien de plus remarquable que la description qu'en donne Aristote
au livre V. chapitre XVIII, de son *Histoire des animaux*. Elle s'applique d'une façon presque absolue à la Processionnaire du pin
et nous ne saurions mieux faire. au début de cette étude. que de
la transcrire ici :

« Les papillons proviennent des chenilles. C'est d'abord moins
qu'un grain de millet. ensuite un petit ver qui grossit. et qui, au
bout de trois jours. est une petite chenille. Quand ces chenilles
ont atteint leur croissance, elles perdent tout mouvement et
changent de forme. On les appelle alors chrysalides. Elles sont
enveloppées d'un étui ferme. Cependant, lorsqu'on les touche,
elles remuent. Les chrysalides sont enfermées dans des cavités
faites d'une matière ressemblant aux fils d'araignées. Elles n'ont
pas de bouche ni d'autre partie distincte. Peu de temps après,
l'étui se rompt, et il en sort un animal volant que nous nommons
papillon. Dans son premier état. celui de chenille, il mangeait et
rendait des excréments; devenu chrysalide il ne prend rien et ne
rend rien. »

Voici. en quelques lignes. d'une précision remarquable, l'histoire des mœurs et métamorphoses d'un grand nombre de Lépidoptères. L'insecte, pris à son début dans l'œuf, est suivi jusqu'à
sa transformation définitive en papillon. Nous ne saurions trouver
un meilleur cadre. dans la description de notre insecte, que celui
ainsi tracé par Aristote.

Si, pendant la période estivale qui s'étend du 15 juillet au 15 septembre, mais surtout pendant le mois d'août, on parcourt une jeune plantation de pins ravagée l'hiver précédent par les chenilles, et qu'on examine attentivement l'extrémité des branches et les aiguilles des jeunes arbres, on ne tarde pas à apercevoir de petits fourreaux gris blanchâtre entourant comme avec une gaine deux aiguilles accolées ensemble, ou plus rarement une aiguille seule. Cette gaine est la ponte du papillon femelle.

La gaine a une longueur qui peut varier de 2 à 5 centimètres, mais la moyenne est de 35 millimètres environ. Son diamètre est de 4 millimètres à 4 millim. 5. Si on cueille les aiguilles engainées, on voit, en les examinant de près, que la gaine paraît formée de poils ou plutôt d'écailles gris roussâtre et gris blanchâtre. Mais, en raclant avec l'ongle, on fait détacher ces écailles, qui laissent à nu des œufs nettement visibles et rangés dans un ordre nettement déterminé. Les écailles, dont la provenance sera indiquée lors de l'étude du papillon, ont un rôle protecteur des plus marqués. Elles sont disposées dans ce but, intercalées en nombre considérable entre les œufs, s'imbriquant les unes sur les autres de haut en bas, à la façon des ardoises d'un toit, de façon que les eaux pluviales glissent sur le fourreau sans atteindre les œufs. Ceux-ci, grâce à cette enveloppe, sont à l'abri de l'humidité, des rayons solaires et des grandes variations de température.

L'écaille, d'une extrême minceur, est formée par une matière diaphane rappelant celle des ailes des graines de pin. Sa forme rappelle la spatule. Elle a 2 millim. 5 à 3 millimètres dans sa plus grande longueur, 1 millim. 2 dans la partie la plus large et 0 millim. 7 dans la plus étroite, au point d'attache. Malgré son extrême ténuité, cette écaille a une grande durée; on la trouve protégeant encore des gaines âgées de quatre ans. Elle a seulement subi quelques changements, principalement dans sa couleur. Franchement brune au moment de la ponte, elle ne tarde pas, sous l'action combinée de la lumière et de l'humidité, à se décolorer. Tant que les œufs ne sont pas éclos, les écailles rangées avec ordre conservent cette couleur brune, mais une fois que les petites chenilles, en sortant, ont dérangé la disposition des écailles, celles-ci offrent moins de résistance à l'action de la lumière et de l'humidité qui agissent rapidement.

Avant l'éclosion, la gaine est brune, l'ensemble est peu luisant, plutôt mat. Presque de suite après, cette matité disparaît et la décoloration se fait progressivement. C'est un moyen absolu, même pour un œil peu exercé, de reconnaître à distance si les pontes sont fraîches ou anciennes.

Au bout de la première année, la masse des écailles est grise; après la seconde, gris blanchâtre, et, à dater de la troisième, toutes les gaines ont un aspect blanc sale; les écailles sont aplaties, fortement accolées les unes aux autres, formant un tout très luisant. Seul le point d'attache reste brun. On peut, à la rigueur, grâce à ces variations, déterminer pour trois années l'époque de la ponte des gaines trouvées sur les aiguilles de pin.

Les œufs, mis à nu par l'enlèvement des écailles, se montrent toujours rangés dans le même ordre. Ils affectent une disposition hélicoïdale autour d'aiguilles servant d'axe. Quand les pontes sont sur des pins à aiguilles moyennes ou petites, telles que celles du pin noir ou du pin sylvestre, l'axe est formé de deux aiguilles accolées naturellement. Si, au contraire, ces pontes sont sur des aiguilles robustes et épaisses, telles que celles du pin maritime, l'axe est formé par une seule aiguille.

Dans chacune des spires de l'hélice, les œufs sont placés sur une seule épaisseur autour de l'axe, de façon que chaque œuf ait libre l'extrémité opposée au point d'insertion. En même temps que la disposition hélicoïdale, les œufs sont placés suivant des rangées verticales ou plutôt parallèles à l'axe. Chaque œuf est placé rigoureusement au-dessous du précédent.

Il y a généralement neuf rangées d'œufs parallèles à l'axe. Si celui-ci est trop petit, ce qui est rare et ne se présente que dans les pins d'Alep ou sylvestres, le nombre de rangées n'est que de huit. Si, au contraire, l'axe est fort, ce qui peut arriver sur des pins noirs, quand deux aiguilles sont accolées, le nombre des rangées est de dix. La régularité des rangées est absolue. Ce n'est que dans des cas spéciaux, que nous exposerons plus loin, que cette régularité fait défaut.

Le nombre des œufs d'une ponte est très variable, il dépend naturellement de la longueur de celle-ci, que nous savons pouvoir varier de 2 à 5 centimètres. On compte douze œufs par centimètre de longueur de ponte, ce qui, pour neuf rangées, donne un total de 108 œufs au centimètre. Pour la moyenne de 35 millimètres, on a donc un total de 380 œufs environ. Ce chiffre varie dans les limites de 200 à 600, suivant la longueur de la ponte et le nombre de rangées qu'elle comprend.

Les œufs sont fortement soudés les uns aux autres par les quatre faces latérales. Ils tiennent très peu au contraire à l'axe. Un très léger effort suffit pour les détacher, et la gaine entière, glissant le long de l'aiguille, peut être enlevée. On possède ainsi un véritable fourreau. Chaque œuf a une forme à peu près sphérique de 0 millim. 8 de diamètre. Les côtés soudés et le point d'attache sont naturellement un peu déprimés. Seule la partie extérieure présente une surface nettement sphérique.

La coquille de l'œuf est formée par une matière cornée, translucide, blanche, d'une épaisseur de 1/12 de millimètre environ. L'intérieur est formé par un liquide glaireux donnant naissance à la jeune chenille. Celle-ci, pour éclore, perce la calotte sphérique libre, suivant une ouverture de forme constante. La portion de calotte est totalement enlevée au lieu de rester attachée par un côté, comme cela se produit pour beaucoup d'autres insectes. L'ouverture a une forme hexagonale à angles très arrondis et allongée suivant une direction perpendiculaire à l'aiguille servant d'axe. C'est presque une ellipse. La paroi opposée à l'ouverture et adossée à cet axe est formée par une pellicule très mince et presque complètement transparente.

Il nous a été difficile de déterminer la durée exacte d'incubation. Cette durée paraît dépendre, en effet, d'un ensemble de circonstances variables, mais où la chaleur joue le rôle prédominant. Des œufs, provenant de papillons récoltés, pondus le même jour et dans des conditions d'incubation identiques, sont restés eux-mêmes un laps de temps différent entre la ponte et l'éclosion. On peut, néanmoins, dans des conditions favorables, évaluer à vingt jours environ la durée d'incubation. Ce laps de temps peut être fortement augmenté par de nombreuses circonstances.

Les saisons de la ponte et par suite de l'éclosion varient elles-mêmes beaucoup suivant les années. En 1892 et 1893, nous avons récolté des pontes au 15 juillet, et en 1896, on en ramassait encore le 15 septembre. De même l'éclosion qui, en 1892, avait lieu dès les premiers jours d'août, n'arrivait, en 1896, qu'à la fin de septembre. C'est un écart de près de deux mois qui s'explique très facilement par les conditions atmosphériques différentes de ces années. 1892 et 1893 ont été des années particulièrement chaudes et sèches, tandis que 1896 a eu un printemps pluvieux et froid. Or, ainsi que nous le verrons, la chenille est sensible au froid et à l'humidité.

Mais à côté de cette variation, suivant les années, dans la date des éclosions, il importe de faire remarquer qu'une même génération, dans une saison donnée, ne naît pas simultanément. Nous attirons l'attention sur ce fait, qui est d'une grande importance au point de vue de la destruction de l'insecte.

Il arrive souvent, en effet, que les premières pontes naissent dès la fin d'août et qu'après cette première éclosion toute une série de pontes n'éclosent que longtemps après. Il n'est pas rare qu'un laps de temps de deux mois s'écoule entre les premières et dernières éclosions.

L'explication en est d'ailleurs des plus simples. Nous verrons plus loin, en effet, que les chenilles ne se chrysalident pas toutes à la même époque, et que même d'ailleurs pour des chenilles se chrysalidant le même jour, la durée de la métamorphose est variable. Il y a donc des écarts notables entre les premières et dernières éclosions, et quand cet écart est considérable, ce qui se présente presque toujours, il est un obstacle sérieux à l'exécution des travaux d'échenillage avec succès.

La réussite de l'éclosion des jeunes chenilles est malheureusement trop bonne. C'est à peine si sur le nombre considérable d'œufs de la ponte quelques-uns avortent. Ce sont généralement ceux des extrémités de la gaine, moins protégés que les autres, preuve évidente de la sensibilité des œufs aux influences extérieures. On ne peut guère évaluer à plus de 12 ou 15 p. 100 le quantum normal d'avortement.

Il arrive cependant qu'on trouve des pontes ayant presque entièrement avorté. Mais ce n'est que l'exception. Il est remarquable que, dans ce cas, on observe toujours une irrégularité dans la disposition caractéristique des œufs. Tantôt les rangées ne sont pas verticales et les spires irrégulières, tantôt certains œufs mal encastrés dépassent les autres. Ce fait laisse supposer, à notre avis, un état maladif déjà grave chez la femelle au moment de la ponte, état maladif qui se sera traduit par l'avortement du plus grand nombre des œufs.

Voici décrit le grain de millet d'Aristote. Passons maintenant au petit ver qui en sort « et qui, au bout de trois jours, est une petite chenille ».

Deuxième phase. — **Chenille.**

Par la petite ouverture elliptique signalée ci-dessus dans la calotte sphérique extérieure de l'œuf, sort un petit être allongé qu'un examen très superficiel pourrait permettre, à la rigueur, d'appeler ver. Il paraît nu et glabre et il semble ramper. Mais si on examine ce faux ver avec attention, on constate qu'il possède une tête parfaitement organisée, d'une grosseur considérable eu égard à son corps. On y distingue très nettement douze anneaux, six pattes thoraciques et dix pattes membraneuses. C'est un insecte, une chenille.

Le jour de l'éclosion, la petite chenille a des dimensions fort réduites. Sa longueur totale n'atteint pas 1 millim. 5 et son corps n'a qu'un huitième de millimètre de largeur. La tête, sensiblement sphérique, a un diamètre double, soit un quart de millimètre. Les poils sont nuls ou plutôt invisibles. Cet état dure deux ou trois jours pendant lesquels la chenille paraît rester stationnaire. Elle progresse cependant, mais d'une façon insensible. Aussitôt née, elle dévore activement toutes les aiguilles tendres à sa portée et, dès que celles-ci font défaut, elle va à la recherche des autres. Dès ces premières migrations, toutes les chenilles adoptent la marche processionnaire qui leur a valu leur nom vulgaire, marche que nous décrirons plus loin.

Un des premiers travaux de la jeune colonie est la construction de la demeure commune. Son emplacement est généralement choisi à proximité de la gaine mère. On remarque assez fréquemment une sorte d'hésitation dans le choix de cet emplacement. Souvent la colonie fait plusieurs essais sur la même branche, ou elle émigre successivement en différents points, laissant comme trace de son passage un pinceau de feuilles rongées et jaunies, entourées de rares fils de soie. Quelquefois même, la colonie abandonne la branche primitivement choisie pour se porter sur d'autres.

C'est sur quelques essences, notamment sur le Pin d'Alep et le
Pin Laricio de Salzmann, que ces hésitations dans le choix de la
demeure se produisent en général. On les constate plus rarement
sur le Pin sylvestre et le Pin noir d'Autriche. Or, nous verrons
plus loin que ces essences sont préférées par l'insecte. On peut
donc en conclure que, dans le cas des deux premiers pins cités, la
jeune colonie ne trouve pas la nourriture qui lui est offerte à son
goût et cherche si, dans les environs, elle peut en trouver une
meilleure, puisque, après quelques essais infructueux, elle se décide
à garder comme emplacement le dernier essayé. Nous trouvons,
d'ailleurs, une confirmation à cette hypothèse dans ce fait que,
plus tard, lorsque les jeunes chenilles, plus vigoureuses, pourront
se permettre des migrations plus longues, il leur arrive fréquemment d'abandonner la bourse déjà formée et paraissant définitive,
pour quitter, non plus la branche habitée, mais l'arbre lui-même,
et se transporter sur un arbre voisin, soit de même essence, mais
dans ce cas toujours plus jeune et dont, par conséquent, les
aiguilles sont plus tendres, soit d'une autre essence, et alors la
migration se produit invariablement d'une essence peu aimée,
telle que le Pin d'Alep ou le Pin Laricio de Salzmann, pour se porter
sur une préférée, le Pin sylvestre, par exemple.

Quoi qu'il en soit, l'emplacement choisi englobe le plus souvent
à leur origine quelques branches du dernier verticille. Nous verrons
d'ailleurs, plus loin, que le papillon femelle prend la précaution
de déposer sa ponte à l'extrémité des branches, dans le voisinage
immédiat des futures pousses. Toutes les minuscules chenilles se
mettent alors au travail avec ardeur. Elles préparent leur future
demeure en entourant d'une infinité de fils de soie assujettis sur les
aiguilles et les branches l'emplacement choisi. Tous ces fils vont
et reviennent en tous sens, formant une trame des plus enchevêtrées. La soie en est d'une blancheur éclatante et d'une ténuité
extrême. Mais, comme au début de leur existence les chenilles ne
sécrètent qu'une petite quantité de soie, la trame reste transparente

pendant quelques jours, et ce n'est qu'au bout de deux à trois semaines qu'elle devient opaque et peut masquer les insectes abrités à l'intérieur de leur demeure.

La coloration de cette demeure est d'abord verdâtre. Cette coloration est due aux débris de feuilles et d'excréments qui donnent cette impression à travers le rideau soyeux peu épais; mais, à mesure que la chenille grandit, la paroi soyeuse s'épaissit de plus en plus, tandis que la coloration verte va en diminuant, pour arriver à un blanc absolument pur.

Pendant la première période de son existence, la jeune chenille étend peu à peu ses ravages. Mais, comme ses organes masticateurs sont encore relativement faibles, elle ne mange que les parties les plus tendres des aiguilles. Elle laisse intacts notamment l'épiderme inférieur et toutes les nervures, de sorte que la feuille, conservant quelques jours sa structure et sa coloration verte, ne semble pas attaquée.

Par suite de ces deux ordres de faits : transparence ou coloration verte de la soie, et aspect intact de la feuille, il arrive qu'à moins de rechercher — et encore faut-il une grande attention — les jeunes colonies, rien ne vient encore déceler leur présence. Il y a lieu de retenir ce fait, d'une importance spéciale au point de vue de la destruction de l'insecte.

Mais, dès que la jeune chenille a pris un développement suffisant et que son appareil masticateur s'est raffermi, ses besoins en nourriture augmentent dans de grandes proportions. Nous entrons dans la première période des grands ravages; les feuilles sont totalement dévorées, sauf les parties les plus coriaces de l'épiderme, qui jaunissent vite. C'est au début de cette période que les dégâts commis par les chenilles signalent leur présence. On voit sur les jeunes pins l'extrémité de quelques branches jaunie. Si on s'approche, on constate à la base de la partie jaunie la présence d'une masse blanchâtre grossièrement arrondie, mais de forme encore indécise. C'est au centre de cette masse que sont réfugiées les chenilles pendant le jour. Elle est couramment appelée bourse. Nous lui conserverons cette dénomination.

Cette bourse se trouve, bien entendu, au premier emplacement choisi pour demeure. Mais celui-ci a été agrandi. De nouvelles aiguilles, de petites branches même, ont été englobées par les fils de soie. Ceux-ci s'entre-croisent de plus en plus. L'intérieur de la demeure se tapisse davantage. La colonie s'organise mieux.

Au bout d'un mois, la chenille a atteint près d'un centimètre de longueur. Sa voracité s'accroît sans cesse. Bientôt la branche soutenant la bourse ne suffit plus à la colonie. Les chenilles se répandent sur les branches voisines, qui sont successivement dépouillées de leurs aiguilles. Si, comme cela arrive toujours lors des grandes invasions, il existe plusieurs bourses sur un même jeune pin, la provision de nourriture qu'il peut offrir sera bientôt épuisée. Il nous est arrivé plusieurs fois de compter jusqu'à quinze bourses sur des arbres de huit ans; c'est dire combien vite l'arbre sera dépouillé. A partir de ce moment, les chenilles doivent aller chercher les aiguilles des arbres voisins. Si ceux-ci sont rapprochés, elles se contentent de quitter momentanément leur bourse, qu'elles regagnent après avoir mangé; mais si, au contraire, ils sont un peu éloignés, elles préfèrent émigrer définitivement et construire une nouvelle demeure.

Nous affirmons d'une façon absolue que, contrairement à l'opinion émise par certains auteurs, les colonies ne fusionnent pas entre elles. Si ce fait se produit accidentellement, ce que nous n'avons jamais vérifié et que nous croyons, en tout cas, exceptionnellement rare, il doit être dû uniquement à la rencontre fortuite de deux processions de chenilles qui se seront involontairement soudées dans leur marche.

M. Valery Mayet, qui admet cette fusion, l'attribue à la nécessité de lutter contre le froid, ce qui serait plus facile à des chenilles réunies en grand nombre. Cette hypothèse est contredite par les faits. On trouve très fréquemment des bourses réduites à un petit nombre d'individus, qui résistent très bien au froid.

Bien plus, les travaux d'échenillage nous ont permis de constater le fait intéressant qui suit : Les rares chenilles qui, pour une raison ou pour une autre, échappent à la destruction, vont former une nouvelle bourse. Cette bourse ne comprend jamais que les débris d'une autre. Si plusieurs bourses vivaient sur le même pin et que, de chacune d'elles, il eût, après l'échenillage, survécu quelques sujets, il se reformera autant de bourses nouvelles qu'il y en avait d'anciennes. Jamais ces débris ne fusionnent pour reformer une bourse importante, même si les survivants sont réduits à deux ou à un, ce qui arrive très fréquemment.

D'autre part, nous avons souvent fait l'expérience suivante : compter les chenilles existant dans une bourse et les œufs de la même gaine située à proximité, dont la colonie provenait sûrement. Et nous avons toujours trouvé concordance entre les deux chiffres.

Il est cependant exact que les colonies paraissent bien plus importantes en plein hiver, à la fin de janvier, qu'au milieu d'octobre. Mais l'explication en est toute naturelle.

Les individus ont acquis, à ce moment, presque toute leur taille ; ce sont de grosses chenilles de plus de 4 centimètres de longueur. Dans leur bourse très grossie, qu'elles ont calfeutrée intérieurement et extérieurement, pour mieux se protéger du froid, elles sont réunies, très pressées. Elles semblent donc très nombreuses, beaucoup plus nombreuses qu'à l'époque où, petites chenilles, elles filaient à l'aise leurs premières trames.

Cette bourse est à peu près terminée dès les premiers froids. Elle est fortement enserrée sur les tiges du verticille pris comme base, dont il est impossible de la détacher intacte. La forme de la bourse est variable. Elle dépend surtout de l'emplacement choisi. Si cet emplacement n'est que l'extrémité d'une branche, la bourse est une sorte d'ellipsoïde plus allongé à la base qu'au sommet. Si l'emplacement est à la naissance d'un verticille, la bourse est une sorte de cône.tronqué aux extrémités grossièrement arrondies. Les dimensions en sont variables; on en trouve depuis la grosseur du poing jusqu'à celle de la tête d'un enfant. La grosseur moyenne est celle des deux poings accolés, le grand axe de la bourse ayant de 15 à 25 centimètres de longueur, et le petit axe, ou largeur, de 12 à 18.

A l'extrémité inférieure de la bourse se trouve ménagée une sortie. C'est par là que les chenilles partent pour la recherche de leur nourriture. Elles déposent leurs excréments dans la bourse, qui en est bientôt encombrée au point d'obstruer le passage. Les chenilles ouvrent alors de nouvelles issues.

La soie des bourses est d'une blancheur éclatante. Tant que les chenilles y habitent, les bourses conservent leur forme précise et la soie reste brillante. Mais, une fois les chenilles disparues, la bourse se déforme peu à peu, la soie devient plus terne et perd sa blancheur. Les excréments décomposés fournissent, lors des pluies, un suintement grisâtre qui vient souiller les soies. Il est donc très facile de distinguer une bourse abandonnée d'une bourse occupée.

Nous avons dit plus haut que, lors des premiers froids, la chenille avait acquis à peu près toute sa taille. C'est donc le moment de la décrire. Elle peut atteindre, mesurée étalée, 45 millimètres de longueur. Mais c'est une dimension exceptionnelle, présentée seulement par quelques individus très robustes. La dimension courante, dans la région, est de 40 millimètres. Le diamètre varie de 4 à 5 millimètres.

La peau du corps, fortement plissée, est d'un beau brun noir sur le dos et les côtes. Cette coloration est, d'ailleurs, masquée par des poils. Le ventre est également très plissé; il est gris verdâtre clair, tacheté au milieu par une série de petits points noirs dont l'ensemble simule une fausse raie brune.

La tête est noire, sensiblement hémisphérique. La calotte supérieure est divisée en deux parties égales par un sillon longitudinal allant de la bouche au milieu du premier segment thoracique.

L'épiderme en est corné, granuleux, présentant à la loupe l'aspect du maroquin noir à grain fin. C'est également avec une forte loupe qu'on peut y constater la présence de poils noirs rares et rudimentaires. Les antennes sont également rudimentaires.

L'appareil masticateur est formé de deux mandibules cornées, très acérées, fortement renflées à leur base, ce qui explique leur grande puissance. Au centre se trouve une longue filière sortant d'un mamelon cylindroïde percé d'un trou.

Le corps est sans sexe, ou plutôt le sexe, latent chez la chenille, ne se retrouvera visible que chez le papillon. Il est formé de douze segments, dont trois thoraciques et neuf abdominaux. Les segments sont de dimensions à peu près comparables, sauf les trois derniers, qui vont en diminuant progressivement, de manière que le douzième est de dimensions moitié moindres environ que les segments médians. Tous ces segments sont séparés les uns des autres par des incisions profondes et des espaces appréciables. Sur le premier segment thoracique est dessinée une collerette brune qui entoure la tête.

Chacun des trois segments thoraciques est muni d'une paire de pattes à crochets coniques, acérés, d'une couleur marron très clair et fort brillants. Leur épiderme corné leur donne une grande fermeté. Ces pattes vraies se retrouvent chez le papillon. Elles sont sur la chenille comme le fourreau de celles de l'insecte parfait. C'est ce qui est démontré par l'intéressante expérience consistant à couper une patte à une chenille suivie dans ses différentes phases. Le papillon qui en provenait manquait de la patte sectionnée.

Quelques-uns seulement des neuf segments abdominaux sont munis de pattes membraneuses, ou fausses pattes, n'existant plus chez le papillon. Ces pattes membraneuses sont formées de mamelons à large base; les segments 4 et 5 en sont dépourvus, les segments 6, 7, 8 et 9 en sont munis, de même que le douzième et dernier segment, tandis que les segments 10 et 11 n'en ont pas. On voit donc que la chenille possède un total de seize pattes, dont

trois paires thoraciques, ou vraies, et cinq paires mamelonnées, ou fausses.

Les pattes thoraciques sont à la fois des organes de marche et de préhension. La chenille s'en sert surtout pour se tenir accrochée aux aiguilles. Les pattes membraneuses ne servent qu'à la marche.

Celle-ci s'opère de la façon suivante : La chenille soulève le douzième et dernier segment, ou anneau caudal, en s'appuyant sur deux pattes membraneuses. Elle rapproche ainsi les trois derniers anneaux, dont les dixième et onzième sans pattes, des quatre anneaux précédents, 6, 7, 8 et 9, munis de pattes. Puis, s'appuyant sur les pattes thoraciques et les pattes membraneuses de l'anneau caudal, elle rapproche les anneaux moyens des cinq premiers et de la tête. Ceux-ci, à leur tour, se soulèvent et se portent en avant, le reste du corps servant d'appui. Il faut donc trois mouvements distincts à la chenille pour déplacer entièrement son corps. Malgré cela, en raison de la rapidité de ces mouvements partiels, la marche de l'insecte est assez rapide et, quand il se sent en danger, il gagne vite l'abri protecteur de sa bourse.

La chenille possède, en outre, un excellent moyen de défense : ses poils. Ceux-ci sont de deux espèces, les uns blancs, situés sur les côtés, les autres jaunes et roux, sur le dessus du corps.

Les poils blancs sont assemblés en touffes sur chaque segment. Ils sont dressés, grêles, peu épais. Leur longueur oscille autour de 3 millimètres. Au milieu de chaque touffe est un petit espace vide laissant voir la peau brune du corps. Ces vides, étant régulièrement disposés, simulent sur chaque côté une rayure longitudinale.

Les deux régions latérales, où se trouvent les poils blancs, sont limitées chacune par deux rainures vraies et longitudinales sur la peau. Les rainures inférieures séparent la partie dorsale de la partie ventrale; les rainures supérieures séparent les régions à poils blancs de la région médiane, où se trouvent les poils jaunes bruns. Tandis que les poils blancs sont éparpillés sur les deux régions latérales, les poils jaunes sont assemblés dans la région médiane, au milieu de chaque segment, sur un mamelon spécial. Ces poils sont dressés au centre du mamelon et, à mesure qu'ils se rapprochent des bords, ils vont en s'inclinant peu à peu, pour finir par être complètement étalés, de sorte que les poils extrêmes d'un mamelon vont rejoindre les poils extrêmes du mamelon voisin. Par suite, les poils jaunes semblent exister sur tout le dos, lorsque le mamelon seul en possède.

Ce mamelon jouit de propriétés remarquables. A l'état de repos, on ne saurait mieux le comparer qu'à une bouche dont les deux lèvres seraient fermées et placées transversalement. Sur les deux lèvres sont fixés les poils décrits plus haut, poils dont les longueurs varient de 1 à 3 millimètres. Dès que la chenille est touchée ou qu'elle se croit en danger, elle imprime aux bords du mamelon une série de mouvements alternatifs d'ouverture et de fermeture. Dans les premiers, les lèvres se disjoignent et laissent voir, au centre du mamelon, un amas de poils jaunes roux, très fins et très courts, qu'on ne peut différencier qu'au moyen d'une loupe. Dans les mouvements de fermeture, les lèvres se contractent et détachent du centre une partie des poils. La série de mouvements, fréquemment renouvelée, finit par amener sur les bords un grand nombre de poils instables.

La chenille ne nous a pas semblé posséder le pouvoir de projeter ces poils; mais, en raison de leur instabilité et de leur extrême ténuité, le moindre mouvement de l'air, celui notamment provoqué par l'haleine ou par le mouvement des bras, suffit pour les mettre en mouvement. On comprend qu'une fois en suspension dans l'air, il est très fréquent que beaucoup de ces poils viennent se déposer sur la peau des personnes s'approchant des chenilles.

Ces poils, doués d'une propriété vésicante très énergique, ne tardent pas à signaler leur présence par la douleur qu'ils causent. Que cette propriété soit due à la cantharidine, comme on le supposait autrefois, ou à l'acide formique, comme on le croit aujourd'hui,

2.

le fait est qu'ils procurent des désagréments considérables, de véritables indispositions.

Leur contact ne tarde pas à faire éprouver une vive démangeaison, dégénérant bientôt en une véritable cuisson, rappelant la douleur causée par les engelures.

La partie cuisante enfle légèrement, mais sans qu'il soit possible de distinguer le point piqué. A partir de ce moment, la démangeaison ne cesse pas. Elle se propage peu à peu sur différentes parties du corps, mais principalement sur les mains, le cou, les yeux; l'enflure augmente partout et, si on ne sait pas résister à la tentation de se gratter, on voit surgir une infinité de boutons au centre desquels, avec une loupe, on peut apercevoir un point rougeâtre. Ces boutons persistent trois ou quatre jours et les parties contaminées s'étendent peu à peu jusque sur les régions du corps protégées par les vêtements. Quand il y a une éruption un peu considérable, elle est toujours accompagnée de fièvre.

En 1889, tous les gardes des reboisements, par suite du mode d'échenillage employé, sur lequel nous reviendrons plus loin, furent obligés, en raison de ces inflammations et des indispositions qu'elles amenèrent, de cesser tout service pendant plusieurs jours. L'un d'eux même eut une éruption si rapide des paupières, qu'il devint momentanément aveugle et qu'on dut le porter chez lui.

Nous ne pouvons pas indiquer de moyens curatifs absolus, mais le procédé qui nous a le mieux réussi consiste à passer le doigt trempé dans de l'ammoniaque pharmaceutique pur sur les éruptions. On éprouve une vive cuisson pendant un instant, mais les démangeaisons disparaissent assez vite, et avec quatre ou cinq frictions, renouvelées de trois en trois heures, on peut supprimer l'inflammation, le bouton d'éruption subsistant cependant trois ou quatre jours. Nous nous sommes également bien trouvé, dans des cas d'éruption sur tout le corps, de bains sulfureux prolongés pendant une heure.

En raison de tous ces accidents, on ne saurait donc trop recommander la plus grande prudence vis-à-vis de ces chenilles, qui sont ainsi des animaux nuisibles, non seulement aux plantes, mais à l'homme. C'est certainement aux poils qu'il faut attribuer la répugnance des oiseaux pour la nourriture abondante que présentent les chenilles, nourriture qu'ils dédaignent.

Il faut, d'ailleurs, ajouter que c'est surtout en hiver, c'est-à-dire quand la chenille arrive à son presque entier développement, que ses poils sont urticants. En automne, alors qu'elle croît encore, il faut éviter de la toucher, mais elle ne paraît pas jouir au même degré de la propriété de mettre à nu ses poils internes. Les travaux d'échenillage seront donc moins pénibles à cette saison. Enfin, nous avons constaté que des objets inertes, une fois contaminés, peuvent, plusieurs années après, provoquer par leur contact de nouvelles inflammations.

La chenille, qui est née au début de l'automne, met donc trois mois environ à arriver à son développement à peu près normal; pendant les trois mois qui lui restent à vivre, elle grossit encore, mais peu proportionnellement. N'ayant plus autant à croître, elle mange moins. Elle ne recommence à dévorer que dans les trois à quatre semaines qui précèdent sa nymphose, sans doute parce qu'elle doit accumuler des réserves pour cette phase de son existence. Il ne faudrait pas croire, cependant, que la chenille reste ainsi deux à trois mois sans manger.

Les longues observations faites, soit par nous, soit par le personnel placé sous nos ordres, nous permettent d'affirmer que la chenille mange pendant toute la durée de son existence. Elle peut rester, évidemment, plusieurs jours sans manger, mais ce n'est que contrainte et forcée qu'elle le fera. Même au plus fort de l'hiver, et, ainsi que nous le verrons plus loin, c'est là un des obstacles à vaincre pour sa destruction, elle sort le matin et ne rentre que vers 9 ou 10 heures après avoir mangé.

D'ailleurs, on peut également constater, par la présence de nombreux excréments toujours frais, que les chenilles ne chôment guère. Ces excréments, de 2 à 3 millimètres de longueur et de 1 à 2 de largeur, sont en quantité considérable.

Leur présence et celle des aiguilles de pins enchevêtrées dans la bourse est une des causes de la non-utilisation de la soie. Il faut aussi tenir compte des poils urticants qui restent adhérents aux bourses. De plus, la soie, qui est très blanche, aurait le grave inconvénient de s'agglutiner dans l'eau.

Quand les chenilles sont arrivées à leur dernier développement, elles quittent définitivement leur nid. C'est surtout dans cette dernière migration qu'elles prennent franchement la marche processionnaire qui, par sa singularité, mérite une description spéciale.

Une chenille s'avance en tête, suivie de toutes les autres, à la recherche du point où elle se chrysalidera. Chaque chenille suit immédiatement la précédente en la touchant. Dès que la chenille de tête s'arrête, toute la file s'arrête et se remet en marche en même temps que la dernière. Ce phénomène est encore plus marqué dans le cas où, sur une file, on enlève une quelconque des chenilles. Non seulement toutes les suivantes de la file cessent leur marche, mais également toutes celles qui précédaient la chenille enlevée, y compris la chenille de tête.

Celle-ci, qui est quelconque, peut être remplacée par toute autre; si on fait former à la file une courbe fermée en plaçant la chenille de tête contre la chenille de queue, on voit les chenilles décrire indéfiniment la même courbe jusqu'à ce qu'un accident, brisant la file, désunisse deux chenilles en en laissant une comme chef de file.

Quand un arrêt se produit, immédiatement le corps de chaque chenille se détend, laissant un intervalle entre sa précédente et sa suivante de 1 à 2 millimètres. La reprise de la marche se fait toujours par la dernière chenille, qui, en allongeant son corps, va toucher l'avant-dernière, qui en fait autant pour celle qui la précède, et ainsi de suite jusqu'à la chenille de tête.

Souvent la colonne reste assez longtemps avant de trouver un endroit favorable à la nymphose. S'il s'agit d'une bourse ou deux sur un arbre isolé, les chenilles ont la ressource des terres labourées qui sont généralement proches; mais comme les invasions n'ont lieu que dans des massifs, il arrive quelquefois que les terrains propices font défaut. La chenille peut alors, au lieu de se terrer, se glisser sous des amas de feuilles sèches ou aiguilles de pin, humus, etc. Néanmoins, ce n'est qu'une exception, et presque toujours elle trouvera à entrer sous terre, soit sur les talus de chemins réparés depuis peu, soit dans les potets des plantations du printemps ou des semis de l'automne précédent. Nous n'avons rien pu trouver indiquant une préférence d'exposition ou d'orientation.

L'époque où la chenille va se terrer est très variable. En 1893 et 1899, à la fin de mars, toutes les chenilles avaient émigré; en 1894, 1895, 1897 et 1898, cet exode n'a eu lieu qu'à la fin d'avril; en 1896, au milieu de mai seulement. En somme, c'est le mois d'avril qui est surtout le mois des migrations, et c'est à la fin d'avril que ces migrations s'effectuent de préférence. Ainsi, en 1897, les gardes ont pu constater, dans les échenillages faits du 29 mars au 13 avril, que toutes les bourses étaient encore occupées.

Nous avons remarqué, d'autre part, qu'à des débuts de nymphose plus précoces correspondaient non seulement des éclosions plus précoces, mais aussi des invasions plus grandes.

C'est ce qui s'est produit pour les générations de 1893-1894 et celle de 1899-1900. Il paraît évident, d'ailleurs, que cette précocité de la nymphose est précisément le résultat des circonstances météorologiques favorables et également surtout d'un développement favorable de la chenille.

Enfin, dans une même génération, il y a toujours des écarts assez considérables entre les premiers départs, écarts qu'on peut évaluer, pour les plus grands, à trois semaines environ. Ces variations sont dues à plusieurs causes, parmi lesquelles il faut citer l'exposition et l'altitude; les expositions chaudes et les basses altitudes

favorisent tout naturellement le développement de la Processionnaire.

Cette question d'altitude nous avait précédemment paru jouer
un rôle important dans la distribution de la chenille. Nous avions
cru que 1,500 mètres au sud et 1,300 mètres au nord étaient,
dans les Pyrénées-Orientales, les limites extrêmes atteintes par la
chenille, et nous l'attribuions aux froids persistants de ces hautes
altitudes. Or nous venons de trouver des bourses sur des pins à
1,900 mètres au midi et 1,650 au nord! Il est vrai que depuis plusieurs hivers les froids sont moins rigoureux. Mais il n'en est pas
moins vrai que toutes les bourses trouvées à ces hauteurs sont occupées par des sujets bien portants, qui viennent cependant de supporter des froids rigoureux — 20° environ.

Et ce ne sont pas des cas particuliers. Une des vues représente,
en effet, un canton de la forêt communale de Conat, exposé plein
nord entre 1,500 et 1,600 mètres d'altitude, où il n'y a pas un
seul arbre qui n'ait au moins trois bourses.

C'est donc une véritable invasion d'une intensité moyenne dont
il s'agit, et non de quelques bourses isolées.

Il n'y a pas, d'ailleurs, que la forêt de Conat ainsi attaquée sur
les versants Nord et à de hautes altitudes. L'invasion s'est produite
en plusieurs autres points situés dans les mêmes conditions, par
exemple dans les peuplements résineux de Mosset et dans les re-
peuplements de la forêt domaniale de Casteil, au col du Cheval-
Mort, à 1,500 mètres d'altitude, avec une exposition plein nord.

Il faut donc abandonner l'espoir de voir s'arrêter l'invasion de-
vant le froid. De plus en plus, l'expérience nous permet d'affirmer
l'indifférence de la Processionnaire à son égard.

Nous avons pu également constater, en décembre 1899, un fait
tout nouveau : un assez grand nombre de colonies n'ont pas formé
de bourses. Deux vues photographiques, jointes à notre travail,
viennent confirmer ce fait exceptionnel. Il s'agit, d'ailleurs, de colonies considérables, composées de sujets paraissant bien portants.

Ce ne sont pas des colonies venant de quitter un arbre pour se porter sur un autre; au contraire, l'absence de toute aiguille sur le pin ainsi que la présence de nombreux excréments à la base de l'agglomération des chenilles prouvent bien que celles-ci vivent sur le même arbre depuis fort longtemps. L'absence de toute enveloppe protectrice ne paraît pas influer sur le développement des chenilles. Celles-ci continuent à vivre en colonies et à dévorer les aiguilles de pin. Cette anomalie nous a fort intrigué. Comme c'est la première fois que nous l'avons constaté, nous n'avons pu en découvrir ni la cause ni les effets. S'agit-il d'une maladie et du commencement de l'épidémie tant souhaitée ? C'est ce que l'avenir nous apprendra. Nous devons, enfin, ajouter que nous avons constaté cette anomalie seulement sur des Pins Laricios de Salzmann, pas sur tous d'ailleurs, ce qui détruit de suite l'hypothèse que la qualité de nourriture influe sur la production de la soie.

Il nous resterait, maintenant, pour terminer l'étude de la chenille, à fournir des renseignements précis sur son mode de nourriture, par conséquent à décrire ses ravages. Mais c'est là un point qui mérite une étude spéciale et qui formera le sujet de la seconde partie de notre travail. Constatons seulement que, jusqu'à présent, la chenille a réservé ses attaques aux pins et aux cèdres et que, parmi les pins, elle affecte des préférences indiscutables.

Nous avons réuni, dans une même vue, la reproduction de l'insecte sous chacune de ses quatre phases.

En haut, à gauche, sont groupées cinq pontes récoltées par nous, à peu près grandeur nature. Ces cinq pontes représentent, en commençant par la droite, des pontes âgées respectivement de six mois, d'un an et de deux ans, puis une ponte avortée et, enfin, une ponte normale.

Dans ces deux dernières, on a enlevé les écailles pour permettre de constater l'irrégularité de disposition des œufs avortés, la régularité, au contraire, de disposition des œufs éclos et la forme de l'ouverture de ceux-ci.

Sur la dernière ponte, à gauche, on a laissé quelques poils permettant de se rendre compte de leur largeur et du mode d'insertion.

En haut, à droite, sont représentées quatre chenilles vues dans diverses positions : de dos, de côté, de face, allongée, recourbée, etc.

Immédiatement en dessous des chenilles, deux papillons, le mâle à droite, et la femelle, beaucoup plus grosse, à gauche.

En bas, à gauche, des cocons contenant les chrysalides, dont nous allons parler ci-après.

Enfin, en bas, à droite, le mode d'emploi de l'échenilloir Pillot sur une bourse caractéristique comme forme et encastrée à la naissance d'un verticille.

Troisième phase. — Chrysalide.

L'insecte est maintenant arrivé à la troisième période de sa vie, la période de nymphose. Voyons comment il la prépare et dans quelles conditions elle se poursuit.

Dès que la colonie a trouvé l'emplacement propice, les chenilles s'enfoncent sous terre jusqu'à une profondeur variant nécessairement en raison de l'état du sol, mais dépassant rarement 10 centimètres.

Toutes les chenilles se rassemblent en ordre confus, certaines même restent un peu à l'écart du gros de la colonie.

Ici donc, point d'enveloppe commune comme la bourse pour les chenilles. Chaque chenille, en se tournant et se retournant, forme une sorte de cavité ou alvéole, où elle file un cocon sec, parcheminé et très mince. Ce cocon est complètement filé en quelques heures.

Il est très régulier de forme. C'est un ovoïde également allongé à chaque extrémité et de dimension pouvant varier de 15 à 25 millimètres dans la longueur et de 7 à 9 millimètres dans la largeur.

La couleur du cocon varie un peu avec les terrains. Elle est généralement havane. Réaumur supposait que cette coloration était uniquement due à la terre dans laquelle est enfoui le cocon, et que, si on obligeait la chenille à se chrysalider à l'abri de matières colorantes, son cocon serait blanc.

Il y avait là une hypothèse inexacte. Nous avons en effet, pour la vérifier, laissé les chenilles de toute une colonie effectuer leur nymphose dans une boîte en carton blanc, sous le seul abri de feuilles vertes de pin. Malgré l'absence de toute matière colorante brune, les cocons avaient tous une couleur havane franche.

Il est certain cependant que le sol peut légèrement modifier cette coloration ; c'est ainsi que dans les terres noires elle peut aller jusqu'au tabac foncé.

Les cocons sont maintenus fixés au point de nymphose par un grand nombre de fils de soie. C'est ainsi qu'un grand nombre de petits cailloux restent adhérents aux cocons extraits du sol. De même les cocons voisins sont généralement soudés les uns aux autres et comme agglutinés.

C'est à l'abri de ce cocon que vont s'opérer les diverses transformations nécessaires pour faire de la chenille un papillon.

En premier lieu, la chenille abandonne son enveloppe poilue. Cette opération ne se produit qu'une dizaine de jours après la formation du cocon. Pour se tenir dans celui-ci, la chenille avait dû se ramasser sur elle-même, les segments pressés les uns contre les autres, les poils notablement raccourcis et ayant à peine 1 millimètre de longueur, mais paraissant, en raison du rétrécissement de la peau, en nombre très considérable. Ce travail, véritable mue, est d'ailleurs à peine perceptible pendant sa durée.

Si on sort, au bout de quelques jours, la chenille de son cocon, elle paraît privée de mouvement. En réalité, elle possède encore la faculté de se mouvoir, mais très lentement et sans changer de place. Ce sont des mouvements ébauchés. Plus le laps de temps écoulé depuis la formation du cocon est grand, moins sont sensibles les mouvements ébauchés.

La chrysalide abandonne son enveloppe par la tête. La peau s'entr'ouvre suivant le sillon médian que nous avons décrit plus haut, et le corps entier passe par cette fente. Dans le cocon, cette enveloppe est repoussée vers l'extrémité anale, où elle reste jusqu'à la sortie du papillon. Si cette mue s'opère à l'air libre, l'enveloppe conserve la forme de chenille avec la tête seule entr'ouverte. Il est remarquable, en effet, que si on sort la chenille du cocon sans l'abîmer, celle-ci continue sa transformation à l'air libre. Le cocon est donc une enveloppe protectrice, jouant un rôle des plus utiles, mais non indispensable.

La chrysalide, débarrassée de la peau de la chenille, a acquis sa forme propre. C'est un petit corps, ovoïde comme le cocon, mais avec les deux extrémités cylindro-coniques.

Les quatre derniers segments abdominaux sont nettement distincts et mobiles. Tous les autres sont rigides. Les ailes sont dessinées aplaties sur le corps qu'elles contournent à partir de la tête. Sur les côtés il existe une série de petits points dessinant une raie longitudinale.

Enfin tout le corps de la chrysalide est protégé par une peau vernissée couleur tabac, contribuant à donner cette coloration au cocon à cause de la transparence de ce dernier. Cette peau, d'abord très tendre au sortir de l'enveloppe chenille, devient assez dure pour former une protection efficace pendant tout le reste de la nymphose.

La durée de la nymphose, comme celle des autres formes de l'insecte, est variable. Les limites extrêmes paraissent être deux et trois mois. La chenille, qui s'enterre dans les premiers jours de mai, ne sort pas avant le milieu de juillet. Pendant ce temps, la vie de l'insecte est assurée par les réserves qu'a accumulées en elle la chenille. On constate une grande diminution de poids dans une même chrysalide au début de mai ou au milieu de juillet. Il y a également une perte importante par évaporation. C'est sans doute pour éviter que celle-ci ne soit trop grande que la chenille s'enfonce assez profondément sous terre, à l'abri des rayons du soleil.

La chrysalide a peu d'ennemis. Les mulots, qui pourraient la dévorer, semblent être tenus en respect par les poils vésicants qui subsistent encore sur le cocon. Seuls, certains champignons paraissent devoir être un ennemi à redouter pour elle. Mais c'est là une cause de destruction trop rare jusqu'à présent et sur laquelle on ne doit pas compter.

Quatrième phase. — Papillon.

Nous voici enfin arrivé au dernier cycle, celui que doit parcourir l'insecte à l'état parfait, l'état de papillon. Quand la nymphose est terminée, le papillon perce son cocon et sort de terre au plus fort de l'été, fin juillet ou commencement août. Le papillon, d'ailleurs, n'a qu'une raison d'être : la perpétuation de l'espèce. Il ne doit vivre que pour cela et seulement pendant le temps nécessaire. Il est inutile qu'il mange; en conséquence, l'organe suceur des lépidoptères, la spiritrompe, est nul chez lui. La femelle, qui doit pondre une quantité considérable d'œufs assez volumineux, est sensiblement plus grosse que le mâle. Elle sort du cocon avec l'abdomen rempli de ses œufs. Le mâle, dont l'unique occupation est de la féconder et qui meurt peu après, est plus grêle, plus agile, de façon à pouvoir aller plus facilement à sa recherche.

La longueur du mâle dépasse rarement 12 millimètres, celle de la femelle 16 millimètres.

Tous les deux ont des antennes situées près du bord interne de l'œil, nettement pectinées, mais plus largement chez le mâle, le thorax formé de trois segments très velus, six pattes thoraciques également très velues attachées par paires à chaque segment; le tout d'une coloration roussâtre.

L'abdomen du mâle, formé de sept anneaux, est cylindroïde et court. Ses organes copulateurs sortent par pression.

Ses ailes sont au nombre de quatre : deux supérieures et deux inférieures. Les deux supérieures, plus grandes, sont d'un gris terne, les écailles formant des lignes transversales flexueuses d'un gris plus foncé. Les deux inférieures sont presque complètement blanches, sauf une petite lunule foncée à l'extrémité anale et un liséré inférieur grisâtre.

L'abdomen de la femelle est obconique; il est rempli d'œufs, ainsi que nous le disons plus haut. L'extrémité est garnie d'une touffe d'écailles ou poils très resserrés. Ce sont ces écailles dont la femelle se servira pour protéger ses œufs, en les imbriquant de la manière que nous avons décrite en parlant de la ponte.

Les ailes ont les mêmes dessins, mais un peu plus confus que chez le mâle. Elles sont notablement plus grandes, les ailes supérieures atteignant 22 millimètres et les ailes inférieures 15 millimètres, tandis que chez le mâle les ailes supérieures n'atteignent que 15 millimètres et les ailes inférieures 11 millimètres. L'envergure du papillon femelle est de 40 à 45 millimètres, celle du mâle de 30 à 35 millimètres.

Les pattes des papillons, destinées uniquement à leur permettre de s'accrocher aux troncs et aux branches, sont grêles et peu en rapport avec la grosseur du corps. C'est, en effet, accrochée aux tiges que la femelle attend le mâle.

Peu après la fécondation, le mâle, dont le rôle est terminé, meurt, mais la femelle doit encore faire sa ponte dans les meilleures conditions possible pour assurer le sort de la future colonie qui naîtra de ses œufs. Elle montre dans le choix de l'emplacement de sa ponte un instinct absolument remarquable.

Nous donnerons dans la seconde partie l'ordre suivant lequel les chenilles mangent de préférence les différentes essences de pins. Nous ferons voir aussi que, dans une même espèce, les aiguilles des jeunes arbres sont préférées à celles des sujets âgés.

Le papillon femelle, au moment de la ponte, tient compte de ces préférences. Si, par suite d'une invasion considérable et en raison de la nécessité d'utiliser toutes les réserves comestibles, des chenilles ont vécu sur des peuplements de pins d'Alep à défaut d'autres, les papillons qui en proviendront n'hésiteront pas à les abandonner pour aller déposer leurs œufs sur des pins sylvestres ou des pins noirs d'Autriche, essences préférées.

Également, les papillons émigreront de peuplements âgés, où les chenilles, pour les mêmes raisons, avaient dû vivre, et feront leur ponte sur de jeunes arbres. Bien plus, sur ces arbres ils choisiront, à l'extrémité des branches, une aiguille rapprochée de la future pousse, pour qu'au mois de septembre la jeune chenille trouve sur les aiguilles de printemps une nourriture aussi tendre que savoureuse.

Dans la recherche de pareils emplacements, le papillon femelle, quoique moins bien conformé pour le vol que le mâle, n'hésitera pas à parcourir plusieurs kilomètres.

C'est là qu'on doit trouver l'explication des faits suivants, qui paraissent extraordinaires.

Un peuplement de pins d'Alep, ravagé une année, sera indemne l'année suivante, tandis que des massifs voisins de pins sylvestres seront ravagés.

De jeunes plantations restées à l'abri de toute attaque pour un motif quelconque, préservées par un traitement bien compris par exemple, seront l'année suivante envahies par les chenilles, alors que des massifs voisins, que leur taille ou l'exiguïté des ressources avaient empêché d'écheniller et étaient restés précédemment en proie aux insectes, sont à leur tour indemnes.

Ce dernier fait notamment est malheureusement la règle générale dans les régions attaquées et nous verrons plus loin pourquoi il est la principale cause de la permanence des invasions.

Il arrive aussi que des régions, où jusqu'alors on n'avait constaté la présence d'aucune bourse et situées loin des peuplements attaqués par la Processionnaire, deviennent un beau jour, sans motifs apparents, le siège d'invasions considérables.

Ce dernier fait est évidemment le plus curieux et le vol volontaire du papillon femelle ne suffit pas à l'expliquer. Il nous paraît probable qu'il est dû surtout à des coups de vent emportant l'insecte ailé dans les parages des résineux où il est arrêté par les branches des pins. D'ailleurs nous avons observé que certains cantons, qui par leur disposition présentent une sorte d'entonnoir où se produisent des tourbillons de vent suivis de remous, sont toujours plus envahis que d'autres.

Quand la femelle du papillon a fait choix de l'emplacement de sa ponte, elle dépose ses œufs dans l'ordre décrit plus haut. Elle détache de l'extrémité de son corps les poils ou écailles qui s'y trouvent entassés et elle les dispose autour de sa ponte. Puis, cette dernière fonction accomplie, elle ne tarde pas à mourir.

C'est ainsi que, la conservation de l'espèce assurée, son cycle va recommencer.

Nous venons de décrire les quatre phases de la vie de l'insecte :

L'œuf. -- Les œufs, pondus en général entre le 15 juillet et le 15 août, éclosent dans la deuxième quinzaine de ce mois; quelquefois, par suite du retard de la ponte, cette éclosion n'a lieu que dans les premiers jours de septembre et rarement après le 15. La durée d'incubation varie de quinze jours à un mois.

La chenille. — La chenille, née généralement entre le 15 août et le 15 septembre, a de huit à neuf mois environ de vie. Elle se terre dans la période qui va du 1er avril au 15 mai.

La chrysalide. — La chrysalide passe deux mois et demi environ sous terre et ne sort à l'état de papillon que vers la fin de juillet ou commencement d'août.

Le papillon. — Le papillon a la vie très brève, de huit à quinze jours au plus. Il disparaît aussitôt après avoir pourvu à la future génération.

Nous allons passer maintenant à la seconde partie, traitant spécialement des ravages de la Processionnaire du pin.

DEUXIÈME PARTIE.

RAVAGES ET DÉGÂTS CAUSÉS PAR LA CHENILLE DU *CNETHOCAMPA PITHYO-CAMPA* (PROCESSIONNAIRE DU PIN), PRINCIPALEMENT DANS LES JEUNES PLANTATIONS.

Jusque dans ces dernières années, nous le répétons, on avait un peu négligé les attaques de la Processionnaire du pin. Soit qu'autrefois les invasions fussent moins considérables et surtout moins étendues qu'aujourd'hui; soit que les dégâts localisés ne fussent bien connus et réellement redoutés que dans un petit rayon autour de la région attaquée; soit, enfin, que, les plantations faites sur une moins vaste échelle, la chenille n'eût atteint surtout que les arbres déjà grands, plus capables de lutter, et qu'on ait cru, procédant du particulier au général, que tous les peuplements résisteraient, il y avait comme un parti pris de dédaigner les chenilles et d'attendre leur disparition spontanée.

Il a fallu renoncer à cette manière de voir, mais, hélas! y renoncer beaucoup trop tard, alors que des maux irréparables étaient commis. Tous les reboisements méridionaux sont dévastés, depuis les Alpes-Maritimes jusqu'à l'Océan. Il n'est pas une région de cette zone qui n'ait eu plus ou moins à souffrir. Les renseignements précis que nous avons pu recueillir sur les Pyrénées-Orientales et les deux départements voisins, l'Aude et l'Hérault, montrent combien le mal est grave et à quels mécomptes il conduira, si on ne prend des mesures énergiques.

. Depuis sa naissance jusqu'à l'époque de sa transformation en chrysalide, c'est-à-dire depuis le 1ᵉʳ septembre jusqu'au 3o avril, soit pendant huit mois environ, la chenille ne cesse de dévorer les aiguilles des pins, avec cependant deux périodes de plus grande activité : de septembre à novembre, puis de février à avril. Supposons un nombre suffisant de chenilles, et c'est malheureusement le cas général dans la plupart des invasions, il ne reste plus une seule aiguille au moment de la nouvelle pousse de printemps; souvent même, dès la fin octobre, certains cantons sont tellement dévastés qu'ils paraissent parcourus par le feu.

C'est d'ailleurs le même aspect que présentent les peuplements de chêne rouvre attaqués par le *Cnethocampa processionea*. Mais nous allons voir les motifs qui permettent à cette essence feuillue de supporter plus facilement ces attaques que les résineux.

Au printemps qui suit les ravages, pendant que la chenille, de chrysalide, devient papillon et que les œufs sont encore dans la période d'incubation, en somme pendant trois des phases de la vie de la chenille, le pin fait sa nouvelle pousse. Les jeunes aiguilles viennent former un maigre pinceau à l'extrémité de tous les rameaux. Il faut que l'arbre précédemment ravagé puisse, au moyen de ce pinceau, accomplir ses fonctions vitales : absorber l'acide carbonique de l'air et lui restituer l'oxygène. Pendant les quatre premiers mois il peut y suffire, mais si, dès le mois de septembre, les chenilles reviennent en nombre encore plus considérable que l'année précédente, cette maigre pâture sera vite dévorée.

Il ne faut pas perdre de vue que l'appareil foliacé des végétaux représente l'appareil respiratoire des animaux. Si à ceux-ci on enlève les poumons, que deviendront-ils ? Assurément les arbres peuvent vivre un certain temps sans feuilles. Leur absence pendant les mois d'hiver, sur les arbres à foliaison caduque, le montre bien; mais encore faut-il que pendant les mois d'été ils se revivifient et fassent des réserves pour la mauvaise saison, où ils tombent dans une sorte de léthargie. Si, pendant une succession plus ou moins longue d'années, on supprime l'appareil foliacé dès son apparition, l'arbre, fatalement, mourra.

Cette mort sera d'autant plus rapide que les besoins de l'arbre en cet organe seront plus grands. L'arbre à feuilles caduques n'éprouve ce besoin que pendant une période limitée, une portion d'année. L'arbre à feuilles persistantes, possédant d'une façon permanente l'appareil foliacé, celui-ci doit fonctionner constamment, moins assurément en hiver qu'en été, mais un peu sans doute. Il est donc logique de croire que ce dernier arbre sera plus sensible que l'arbre à feuilles caduques à la destruction de ses organes verts. Si ce fait paraît probable, celui qui, en revanche, est certain, c'est l'influence de la durée de la feuille sur la végétation de l'arbre.

On sait que beaucoup de conifères, les pins notamment, conservent leurs feuilles plusieurs années de suite. Le nombre d'années varie avec les essences. C'est ainsi que les feuilles du pin noir d'Autriche ne tombent qu'à la quatrième année et même à la cinquième année dans nos jeunes plantations. L'arbre possède donc un appareil foliacé très dense, représentant cinq séries de feuilles. Il a, en effet, un couvert très épais. Il est à présumer que cet appareil, par suite d'un accommodement séculaire, lui est devenu nécessaire. Si on enlève en une seule fois tout cet appareil, il est logique de croire qu'il souffrira de cet enlèvement cinq fois plus, toutes conditions égales d'ailleurs, qu'un arbre à feuilles caduques comme le chêne pédonculé. Bien plus, si on supprime toute nouvelle invasion, le pédonculé, en une seule année, reformera tout son appareil et, à part un dommage momentané, dont on ne pourra plus tard retrouver l'indication que sur la couche de bois correspondante à l'année d'invasion, il reprendra sa vie normale; au contraire, le pin noir d'Autriche, toujours en supposant toute invasion supprimée, ne refera la première année qu'un cinquième de l'ensemble de son appareil, la deuxième année qu'un autre cinquième, etc. Il lui faudra donc cinq ans, laps de temps considérable, pour sa réfection complète. C'est une longue convalescence pendant laquelle il reste exposé à toute sorte de dangers.

En nous plaçant à ce point de vue et en le supposant vrai, nous aurons, d'après la durée de la feuille, un criterium sur le plus ou moins grand dommage qu'une seule invasion causera à l'arbre.

Le pin noir et le pin à crochets, dont les feuilles persistent cinq ans, devront être les plus endommagés, puis viendront : le pin laricio de Corse, le pin pignon ou parasol et le pin maritime, durée de la feuille, quatre ans; le pin laricio du Conflent ou de Salzmann, durée de la feuille, trois à quatre ans; le pin sylvestre, durée de la feuille, deux à trois ans, et enfin le pin d'Alep, durée de la feuille, deux ans.

Il y a lieu, encore, de considérer le cas où la feuille dure plus ou moins longtemps, suivant que l'arbre est plus ou moins jeune; c'est ainsi que dans le pin sylvestre les feuilles des jeunes sujets persistent jusqu'à quatre ans, et jusqu'à deux seulement dans les sujets d'âge avancé. Tout naturellement, il semble logique de croire que le jeune arbre, indépendamment de la délicatesse résultant de son jeune âge, sera plus sensible à la défoliaison que le sujet âgé.

Bien plus, nous pouvons constater que le dommage causé par cette défoliaison est encore augmenté par la lenteur de la reconstitution et toujours pour les mêmes raisons. Il suffira, en effet, de deux ans au pin d'Alep pour reconstituer complètement son appareil foliacé, tandis que cinq ans seront nécessaires au jeune pin noir d'Autriche ou au pin à crochets.

Il résulte de ces diverses considérations, qu'indépendamment de toute préférence de la Processionnaire pour une essence donnée, on peut établir *a priori* un classement préparatoire des essences rangées dans l'ordre où elles souffrent le plus des attaques de l'insecte et, en même temps, où elles sont plus lentes à se reconstituer.

Cet ordre, dans les *jeunes plantations*, paraît être le suivant :

Pin noir d'Autriche;
Pin à crochets;
Pin laricio de Corse;
Pin maritime;

Pin parasol;

Pin sylvestre;

Pin laricio de Salzmann;

Pin d'Alep.

Nous voici en possession d'un élément d'appréciation que nous donne, avant tout examen des faits, la connaissance de chacune des essences. Mais, à côté de lui, s'en trouvent plusieurs autres d'une importance également considérable.

D'abord, et en premier lieu, l'âge des peuplements attaqués. Nous croyons inutile de trop insister sur ce point. Il est évident que, si l'invasion n'a pas un trop grand degré d'intensité, les peuplements composés de grands arbres ne souffriront que peu. Un pin d'une trentaine d'années peut suffire, et sans être complètement dépouillé, à la nourriture de plusieurs bourses, tandis qu'au contraire, dans de jeunes peuplements, il faut les aiguilles de plusieurs pins à une seule et unique bourse.

Plus âgé, son appareil foliacé n'est jamais complètement dévoré, et ce qui reste permet l'accomplissement partiel des fonctions végétatives. Enfin le jeune arbre n'a que de très faibles réserves. Cette question des réserves doit, d'ailleurs, jouer un rôle important dans la façon de lutter de l'arbre, un arbre riche en réserve supportant mieux toute maladie qu'un arbre appauvri ou seulement moins riche.

Tout cela explique, en partie, que des peuplements d'âge moyen peuvent, sans trop en souffrir, subir une légère invasion, alors que de jeunes peuplements sont décimés. Cela explique aussi l'indifférence d'autrefois aux attaques de la Processionnaire, celles-ci s'étant produites généralement sur des peuplements âgés.

Nous avons vu, dans nos tournées récentes dans le Gard et l'Hérault, des peuplements âgés et attaqués depuis plusieurs années par les chenilles. Mais celles-ci, en nombre assez restreint, semblaient ne porter aucun dommage au massif. Il est vrai de dire que celui-ci était surtout constitué en pins laricios de Salzmann, dont nous constaterons plus loin l'immunité relative.

Il faut, en second lieu, tenir compte de l'appareil foliacé. Plus celui-ci est considérable, moins rapidement, en cas d'invasion, il est dévoré. A ce point de vue, on ne saurait comparer les feuilles si grêles et si courtes du pin sylvestre à celles du pin maritime par exemple, ou celles du pin d'Alep, ne subsistant que deux ans, à celles du pin noir d'Autriche qui ne tombent qu'à la cinquième année.

On peut, au point de vue de la rapidité de la destruction de l'appareil foliacé, toutes choses égales d'ailleurs, établir le classement suivant :

Pin sylvestre;
Pin à crochets;
Pin d'Alep;
Pin laricio de Corse;
Pin noir d'Autriche;
Pin parasol;
Pin maritime.

Nous avons pu ainsi établir, au moyen de données générales, une première base.

Voyons maintenant comment les choses se passent en réalité.

Tout d'abord, les années d'invasions exceptionnelles, la distinction que nous avons établie au point de vue de la rapidité de destruction perd son importance dans les jeunes peuplements; tout y est à peu près détruit. Le pin maritime seul, grâce à la ténacité extrême de ses aiguilles, reste feuillé, mais alors la chenille concentre ses ravages sur les pousses jeunes et les abîme d'autant plus.

Ces années-là, qui ne sont que l'exception, il faudra nous reporter surtout au premier classement établi, celui relatif à la sensibilité aux attaques. Au contraire, dans les années d'invasion moyenne ou faible, ce sera le second classement qui devra retenir notre attention. L'essence qui devra le plus souffrir dans le premier cas étant le pin noir et le pin à crochets, et dans le second cas le pin sylvestre. On voit donc que, de toutes façons, ce sont les essences qui constituent la base des reboisements.

Bien plus, à cette sorte de prédisposition, viennent s'ajouter les préférences de l'insecte.

Il est certain que celui-ci en affiche et de très bien marquées. Ce phénomène est particulièrement remarquable dans les massifs à essences mélangées, comme les terrains reboisés de main d'homme en présentent beaucoup. Les deux arbres attaqués en premier lieu, ceux que la chenille paraît préférer à titre égal et bien au-dessus de tous les autres, sont le pin sylvestre et le pin noir d'Autriche. Si le premier semble plus attaqué, c'est à cause de la rapidité de la destruction due aux causes citées plus haut, mais il ne paraît pas que la chenille choisisse l'un de préférence à l'autre. Ensuite, et presque au même rang, vient le pin à crochets. Jusqu'à présent, cependant, cette essence avait paru jouir d'une immunité relative due uniquement à l'altitude de sa station. Mais nous avons eu le regret de constater, en 1899, que la chenille, s'étant élevée bien plus haut que les années précédentes, n'avait pas respecté le pin à crochets, qui est actuellement tout à fait envahi dans certains points.

Puis le pin maritime, le pin parasol, le pin laricio de Corse. En dernier lieu, enfin, le pin d'Alep et le pin laricio de Salzmann. Ces deux dernières essences n'ont réellement souffert que les années de grandes invasions.

Il est, enfin, un dernier facteur qui ne saurait être négligé ici. C'est la moindre résistance des sujets, toutes choses égales d'ailleurs, dès qu'ils sont hors de leur aire habituelle. Il est certain, par exemple, que des pins à crochets plantés trop bas souffrent plus que ceux vivant dans leur propre station.

Cependant, l'invasion de 1899-1900 atteint celle-ci. Il n'en paraît pas moins évident que des essences importées ne sauraient présenter la même résistance que des peuplements spontanés.

Toutes les observations qui précèdent ont été faites par nous dans les Pyrénées-Orientales, mais elles sont confirmées absolument par celles de nombreux agents forestiers des départements voisins, de l'Aude, de l'Hérault et du Gard.

En réunissant maintenant ces diverses données, on arrive à établir un classement des essences ayant le plus à craindre des chenilles :

1° Pin sylvestre;

2° Pin noir d'Autriche;

3° Pin à crochets;

4° Pin laricio de Corse;

5° Pin maritime;

6° Pin parasol;

7° Cèdre, pin d'Alep et pin laricio du Conflent, sur le même rang.

Les reboisements de la vallée de la Tet sont attaqués depuis 1888. Il est à remarquer les jeunes peuplements de moins de six ans sont généralement respectés, les papillons femelles trouvant sans doute sur ces jeunes pins une réserve trop minime de nourriture pour assurer la subsistance de leurs rejetons. Les invasions ont donc atteint des peuplements d'âge moyen, de huit à douze ans. C'est alors que les arbres y sont le plus sensibles. Nous n'avons pas remarqué de préférence au point de vue de l'exposition. Les versants Nord ont bien été attaqués les premiers, mais nous attribuons ce fait à l'âge plus avancé des peuplements situés à cette exposition et à leur meilleure venue, puisque les chenilles se sont peu à peu étendues vers les peuplements des autres expositions, au fur et à mesure de leur croissance. Cette prédilection pour le nord serait, en tout cas, contraire à ce que nous supposons sur la sensibilité au froid et à l'humidité de la chenille, qui devrait la pousser à préférer les versants Sud et Ouest.

Les tentatives d'échenillage faites dans les débuts n'ont donné et ne pouvaient donner aucun résultat; nous consacrerons, d'ailleurs, la troisième partie à cette très importante question. Nous voulons seulement établir ce fait, c'est que, de 1889 à 1892, certains arbres seuls avaient souffert légèrement; qu'en 1892, quelques peuplements ont été dépouillés de leurs feuilles; qu'en 1893, l'ensemble des peuplements âgés de plus de six ans a été complètement exfolié, et qu'à partir de 1894 nous avons pu, par la méthode que nous exposerons plus loin, garantir complètement les plantations.

A la suite de la grande invasion de 1893, beaucoup de jeunes arbres sont morts, soit isolément, soit même par massifs. Des étendues de plusieurs hectares ont été ainsi détruites. Mais dans les parties, heureusement de beaucoup les plus nombreuses, qui ont résisté et que nous soignons chaque année depuis lors, nous avons des sujets d'études très précieux.

Nous avons porté nos recherches sur les trois essences fondamentales jusqu'à ce jour de nos reboisements en résineux : le pin noir, le pin sylvestre et le pin d'Alep.

En 1896, nous avons fait abattre un certain nombre de jeunes arbres dans les plantations moyennes, arbres pris au hasard.

Les couches d'accroissement, ainsi que la longueur d'allongement des tiges devaient nous donner des indications précieuses. Ces indications sont portées sur les tableaux I et II ci-après, avec, dans la colonne d'observations, les renseignements pouvant servir. Pour ne pas augmenter trop les chiffres, nous nous sommes borné à cinq échantillons de chaque essence : les pins noirs plantés âgés de deux ans en 1883, les pins sylvestres plantés âgés de deux ans en 1884, et les pins d'Alep semés en 1883.

En 1899, comme contrôle, nous avons fait porter nos recherches sur quinze nouveaux sujets, à raison de trois échantillons de chacune des essences suivantes : pin noir d'Autriche, pin Sylvestre, pin d'Alep, pin maritime et pin laricio de Salzmann. Nous avons cru intéressant de comprendre ces deux dernières essences.

TABLEAU I. — *Épaisseur en millimètres des couches annuelles d'accroissement de 15 échantillons de pins.*

ANNÉE CORRESPONDANTE À L'ACCROISSEMENT.	PIN NOIR D'AUTRICHE PROVENANT DE PLANTATION.					PIN SYLVESTRE PROVENANT DE PLANTATION.					PIN D'ALEP PROVENANT DE SEMIS.					OBSERVATIONS.
1883	Indistinct.					»					Indistinct.					Plantation des pins noirs, semis des pins d'Alep.
1884	1	1,5	2	2	1	Indistinct.					1,5	2	2	2	2	Plantation des pins sylvestres.
1885	2	3	3	3	3	1,5	2	1	2	2	2	3	2	3	3	Année favorable.
1886	3	5	4	4	3	2	3	2	3	3	2,5	3	2	3	4	Idem.
1887	4	8	6	5	4	2,5	3	2,5	3	4	3	3	3	3	5	Idem.
1888	8	7	10	7	6	3	4	3	4	4	3	4	4	3	4	Apparition des chenilles.
1889	10	9	9	7	8	4	5	4	4	6	4	5	5	4	4	Idem.
1890	10	9	7	7	7	5	5	5	5	7	6	5	5	6	7	Idem.
1891	7	6	6	6	8	6	6	5	6	7	6	6	6	5	7	Commencement d'invasion.
1892	4	3	3	3	4	3	4	3	4	3	5	5	5	6	6	Invasion complète, sauf chez le pin d'Alep.
1893	1,5	1,5	2	2	3	1	1	1	2	2	3	1	1	2	3	Maximum d'invasion et traitement.
1894	1,5	2	2	2,5	3	1,5	1,5	1,5	2	2	3	1	1	2	1	Traitement intense.
1895	2	3	3	3	3	3	3	4	3	3	3,5	3	3	3	2	Idem.
1896	2,5	3	4	3,5	4	4	4	3	4	3	4	3	3	4	3	Idem

TABLEAU II. — *Longueur en centimètres de l'allongement annuel des mêmes 15 échantillons.*

ANNÉE CORRESPONDANTE À L'ACCROISSEMENT	PIN NOIR D'AUTRICHE PROVENANT DE PLANTATION. Indistinct.					PIN SYLVESTRE PROVENANT DE PLANTATION. » Indistinct.					PIN D'ALEP PROVENANT DE SEMIS. Indistinct.					OBSERVATIONS.
1883........	18	16	20	15	24	»	»	»	»	»	12	14	15	10	13	Plantation des pins noirs, semis des pins d'Alep. Plantation des pins sylvestres.
1884........	34	30	35	25	32	14	12	10	8	7	38	30	29	26	28	Année favorable.
1885........	35	30	40	35	35	21	20	17	16	15	32	36	38	34	35	*Idem.*
1886........	30	45	40	40	38	34	30	38	30	32	30	38	35	38	36	*Idem.*
1887........	45	45	38	44	40	40	38	45	42	40	38	44	40	42	41	Apparition des chenilles.
1888........	50	55	40	48	45	45	50	38	42	40	45	40	48	46	45	*Idem.*
1889........	55	50	35	40	55	45	45	50	45	52	48	45	55	50	48	*Idem.*
1890........	35	45	35	40	50	46	50	48	52	48	40	35	42	40	36	Commencement d'invasion.
1891........	20	20	20	22	28	38	36	40	39	41	36	32	34	33	30	Invasion complète, sauf chez le pin d'Alep.
1892........	12	16	18	16	16	22	24	20	23	27	10	14	12	10	12	Maximum d'invasion et traitement.
1893........	18	14	15	17	16	14	18	16	12	14	11	14	13	12	12	Traitement intense.
1894........	18	14	15	17	16	13	14	17	15	14	18	21	18	20	16	*Idem.*
1895........	20	23	18	18	18	17	20	21	19	18	20	21	18	20	16	*Idem.*
1896........	22	25	20	22	20	22	24	25	24	20	20	24	20	23	19	
LONGUEUR TOTALE de l'arbre........	394	414	374	382	417	329	342	337	325	328	367	388	399	384	371	

Les résultats sont portés sur les tableaux III et IV, établis comme les tableaux I et II.

Discutons les chiffres portés sur les tableaux I et II.

Les chenilles ont fait leur apparition en 1888. En tout petit nombre la première année et la suivante, leurs attaques n'ont fait souffrir que quelques sujets épars et seulement parmi les pins noirs. Les pins sylvestres, ayant un an de moins et une croissance moins active, donc beaucoup plus petits, étaient restés indemnes.

En 1890, les pins sylvestres sont attaqués à leur tour, mais, tandis que les pins noirs souffrent d'un début d'invasion complète, les pins sylvestres sont dans la situation des pins noirs en 1888 et 1889. Ce n'est qu'en 1892 que les pins d'Alep sont attaqués à leur tour. Cette année, l'invasion est complète chez les pins noirs et à peu près complète chez les pins sylvestres.

Elle devient générale, en 1893, pour tous les pins des reboisements d'une grandeur suffisante.

C'est à partir de cette année-là que les traitements et la lutte contre les chenilles commencent à produire des résultats qui deviennent, chaque année, de plus en plus appréciables.

Or, que voyons-nous sur le tableau I ?

En 1891, arrêt et même diminution dans la croissance des pins noirs, tandis que les pins sylvestres sont stationnaires et que les pins d'Alep continuent leur progression d'accroissement. Les pins noirs ravagés depuis trois ans, mais spécialement en 1890, montrent, en 1891, le résultat de cette attaque.

En 1892, diminution considérable chez les pins noirs et même chez les pins sylvestres, et arrêt chez les pins d'Alep. La chute est très grande chez les deux premiers. Chez le pin noir, rien n'est plus naturel, l'invasion de 1891 ayant été très forte et ses effets venant s'ajouter à ceux produits par les attaques des années précédentes. Chez le pin sylvestre, pour s'expliquer cette diminution

arrivée bien plus vite que chez le pin noir, après deux années
d'attaque au lieu de quatre, il faut, d'une part, se rappeler que
l'appareil foliacé, étant moins abondant, est vite dévoré, et, en
second lieu, remarquer que les débuts d'invasion chez le pin sylvestre sont le résultat d'un véritable débordement des chenilles qui,
se trouvant trop nombreuses dans les massifs de pins noirs, émi-
grent dans ceux de pin sylvestre. Tout naturellement les chenilles
ont été autrement nombreuses, dès la première année, chez le pin
sylvestre que chez le pin noir, puisque c'est chez celui-ci que les
premières chenilles de la région, très rares, ont commencé à appa-
raître. Aussi, en 1890, les pins sylvestres souffriront relativement
peu, car ce n'est que le début du débordement; mais en 1891,
ils souffriront autant que les pins noirs, le débordement étant complet, et nous en trouvons la preuve dans la diminution d'accroissement de l'année suivante.

En 1893, diminution générale et considérable sur tous les pins.
L'accroissement n'est plus que de 1 à 2 millimètres au lieu des 8
à 10 millimètres antérieurs, soit six fois moindre en moyenne. Chez
le pin noir et le pin sylvestre, c'est le résultat de plusieurs années
de ravages; chez le pin d'Alep, d'une seule. Mais les explications
données pour le pin sylvestre en 1892 sont encore bien plus vraies
pour le pin d'Alep, puisque celui-ci a un appareil foliacé encore
moins important et que l'invasion y a été plus forte dès la première
année.

En 1894, état stationnaire et même diminution.

Cependant, en 1893, le traitement a été appliqué; on est parvenu
à détruire le plus grand nombre des chenilles et à préserver beaucoup d'arbres. De même en 1894, avec un succès encore plus
grand. Mais nous savons que les couches d'accroissement et les
allongements des tiges se font surtout au printemps, avec le résultat
des réserves faites pendant la saison précédente. Ils ne dépendent donc
presque pas ou très peu de l'appareil foliacé de l'année en cours.
Les résultats de la reconstitution de celui-ci se feront donc sentir

l'année suivante, et c'est en 1895 que nous devrons trouver une amélioration résultant de la conservation des aiguilles de 1894.

En 1895, en effet, nous constatons cette amélioration, mais elle est très faible chez le pin noir, qui n'a alors qu'un cinquième de son appareil foliacé, faible chez le pin sylvestre, qui en a un tiers environ, et plus sensible chez le pin d'Alep, qui en a près de la moitié. D'ailleurs, en 1895, le succès du traitement a été presque complet.

En 1896, nous retrouvons les effets de ce succès. Progression toujours faible chez le pin noir, qui a les deux cinquièmes de son appareil foliacé, un peu plus sensible chez le pin d'Alep, qui s'est presque complètement refait. Le traitement de 1896 étant celui qui a donné les meilleurs résultats, fait espérer qu'en 1897 on sera revenu à peu près à l'état normal pour le pin d'Alep et pour le pin sylvestre, et que l'amélioration sera de plus en plus sensible chez le pin noir. Néanmoins, les arbres auront perdu un temps précieux, le total des accroissements des cinq dernières années étant à peine égal à celui d'une année complète, surtout chez le pin noir, confirmation nouvelle de ce que nous avancions sur la faible résistance opposée par cette essence.

Nous n'avons pas besoin d'insister pour montrer que le tableau II n'est que la confirmation du tableau I. En 1892 et 1893, brusque diminution de la longueur de la flèche annuelle. Minimum de cette longueur en 1894. Augmentation progressive à partir de 1895, particulièrement sensible chez le pin d'Alep et chez le pin sylvestre, et très faible chez le pin noir. Pendant les cinq dernières années, la somme des allongements est au plus les deux cinquièmes de l'allongement total des cinq précédentes.

L'examen des tableaux III et IV va fournir des résultats encore plus intéressants. Il s'agit ici, en effet, de jeunes pins âgés de trois ans de plus que ceux portés aux tableaux I et II qui sont traités depuis sept ans et parmi lesquels se trouvent des pins de deux essences nouvelles.

TABLEAU III. — *Épaisseur en millimètres des couches annuelles d'accroissement de 15 échantillons de pins.*

ANNÉE CORRESPONDANTE À L'ACCROISSEMENT.	PIN NOIR D'AUTRICHE provenant DE PLANTATION.			PIN SYLVESTRE provenant DE PLANTATION.			PIN D'ALEP provenant DE SEMIS.			PIN MARITIME provenant DE SEMIS.			PIN LARICIO DE SALZMANN (peuplement naturel).			OBSERVATIONS.
1883	Indistinct.		1,5	Indistinct.		1,5	1,5	Indistinct.		1,5	1,5	1	1,5	1	1	1	1,5	Plantation et semis des arbres.
1884	2	0,5	1	2,5	3	4	2	2	1,5	3	3	2,5	1,5	1,5	2	Année favorable.
1885	2	2	1,5	5	4	5	5	5	2	4	4,5	5	3	2	3,5	Idem.
1886	3	3	3	6	6	7	3	3	4	5	5	4,5	4	3,5	4,5	Idem.
1887	2,5	4	4	5	8	10	4	4	4	5	6	5	6	5	7	Idem.
1888	4,5	6	7	7	6	7	5	4	5	6	6	7	4,5	4,5	7	Première apparition des chenilles.
1889	7	9	8	4	5	6	7	3	7	6	5	6	5	4,5	8	Développement des chenilles.
1890	5	9	9	4	4	5	4	3	3	5	6	5	4,5	4	7	Idem.
1891	3	5	9	3	3	3	3	3	4	4	4	5	3,5	4	6	Commencement d'invasion.
1892	3	6	7	2	1,5	3	3	2	2	4	4	4	4,5	3	4,5	Développement de l'invasion.
1893	2	4	6	1,5	1	1,5	5	2	1,5	3	5	4,5	5	3	5	Maximum d'invasion et traitement.
1894	1,5	2	3,5	1,5	3	2	2	2,5	1,5	2,5	4	4,5	4,5	4,5	4,5	Traitement intense.
1895	2	1,5	2	3	5	3	3	2,5	3	3,5	6	5	5	5	5	Idem.
1896	2,5	2	2,5	4	6	4	5	3	5	4	7	6	6	7	6	Idem.
1897	3	3	4	7	8	6	5	4	5	7	12	7	7	6	7	Idem.
1898	5	5	6	8	10	10	6	5	6	8	10	8	7	8	8	Idem.
1899	8	7	9	7	9	9	7	6	8	6	9	10	7	6	7	Idem.

TABLEAU IV. — *Longueur en centimètres de l'allongement des 15 échantillons portés au tableau III.*

ANNÉE CORRESPONDANTE À L'ACCROISSEMENT.	PIN NOIR D'AUTRICHE provenant DE PLANTATION.			PIN SYLVESTRE provenant DE PLANTATION.			PIN D'ALEP provenant DE SEMIS.			PIN MARITIME provenant DE SEMIS.			PIN LARICIO DE SALZMANN (PEUPLEMENT NATUREL).			OBSERVATIONS.
	Indistinct.			Indistinct.			Indistinct. Idem.			Indistinct.						
1883	6	4	7	5	4	5	6	6	7	4	6	5	8	7	6	Plantation et semis des arbres.
1884	12	8	8	9	8	10	13	5	17	12	18	16	12	11	8	Année favorable.
1885	18	14	16	15	18	15	16	16	23	28	29	30	19	12	19	Idem.
1886	26	16	20	22	18	18	21	21	20	33	23	27	28	27	28	Idem.
1887	29	20	40	24	24	22	27	22	23	33	32	34	29	31	30	Première apparition des chenilles.
1888	26	25	45	26	28	31	22	22	20	44	38	41	28	29	34	Développement des chenilles.
1889	20	32	48	26	29	25	21	19	19	56	31	40	39	29	32	Idem.
1890	14	33	50	22	18	18	21	15	21	41	27	33	31	30	30	Commencement d'invasion.
1891	13	41	51	8	12	10	18	10	18	35	25	28	27	27	28	Développement de l'invasion.
1892	9	15	24	8	10	9	9	8	13	33	24	28	27	27	28	Maximum de l'invasion et traitement.
1893	13	15	21	6	17	12	11	9	13	30	29	35	32	28	33	Traitement intense.
1894	17	18	25	15	21	20	27	11	16	37	32	38	27	29	38	Idem.
1895	24	25	35	34	26	35	32	27	18	26	38	36	38	34	43	Idem.
1896	39	29	40	47	32	38	31	23	24	30	40	38	32	35	41	Idem.
1897	45	54	45	46	33	50	31	26	25	36	48	47	38	41	41	Idem.
1898	—	53	58	—	—	44	—	—	26	37	50	57	44	39	40	Idem.
1899	—	—	—	—	—	—	—	—	—	—	—	—	—	—	—	Idem.
TOTAL GÉNÉRAL	317	402	537	297	321	363	255	269	309	485	521	523	447	484	497	
Allongement annuel moyen	20	25	34	19	20	23	16	17	19	30	33	33	28	30	31	
TOTAL des douze dernières années	255	360	486	259	270	314	213	235	269	414	438	445	372	402	412	
Allongement moyen des douze dernières années	21	30	45	22	23	26	18	19	22	35	37	37	31	34	35	

Il y a lieu d'abord de dire qu'on a pris, autant que possible, les échantillons au milieu de massifs bien venants quoique antérieurement envahis par les chenilles. Les pins laricios de Salzmann sont des sujets spontanés venant au milieu des autres essences et choisis de même âge, de façon à avoir des points de comparaison précis.

Discutons, maintenant, les chiffres des deux tableaux.

Tout d'abord, confirmation des données des tableaux I et II en ce qui concerne les conclusions relatives au pin noir, au pin sylvestre et au pin d'Alep. Les trois années supplémentaires de 1897, 1898 et 1899 montrent bien la marche lente de la reconstitution chez le pin noir, et plus rapide chez le pin sylvestre. Le maximum n'est atteint qu'en 1899 pour le premier et en 1898 pour le second. Chez le pin d'Alep on est arrivé à l'état normal dès 1897.

En second lieu, nous trouvons également, sur ces tableaux, la confirmation de notre assertion sur l'immunité relative du pin laricio de Salzmann et du moindre dommage causé au pin maritime. Prenons, par exemple, le tableau IV, où les chiffres plus forts sautent aux yeux, et qui également présentent plus de garantie, en raison de ce que la mesure des allongements est plus facile à prendre que celle des accroissements, et surtout de ce fait que l'allongement est constant quel que soit le procédé de mesure, tandis que l'accroissement varie suivant le diamètre pris comme étalon; nous verrons les allongements tomber de 29 centimètres à 6, de 41 à 15 et de 51 à 21 pour le pin noir, de 26 à 6, de 29 à 9 et de 31 à 9 pour le pin sylvestre, tandis que chez le pin maritime la chute va de 56 à 30, de 38 à 24 et de 41 à 25, et chez le pin laricio de Salzmann de 39 à 27, de 31 à 27 et de 34 à 28. Bien entendu, nous prenons l'allongement maximum avant toute invasion et l'allongement minimum pendant l'invasion.

Si, au lieu, maintenant, de prendre ces chiffres extrêmes, nous prenons des moyennes, non de l'ensemble des allongements, car la moyenne serait faussée par le peu d'importance des premières années, mais des douze dernières années, qui comprendraient ainsi trois années indemnes, trois années avec invasion sans traitement et six années avec traitement intense, nous voyons que pour le pin noir les allongements moyens des trois échantillons sont de o m. 20, o m. 3o et o m. 45, et qu'en 1894, à la suite de la grande invasion de 1893, ils tombent à o m. o6, o m. 15 et o m. 21, pour remonter en 1899, à la suite du traitement et après la reconstitution complète de l'appareil foliacé, à o m. 45, o m. 53 et o m. 58.

Pour les trois échantillons de pin sylvestre, les chiffres sont : allongement moyen des douze dernières années, o m. 23, o m. 22 et o m. 26; allongement en 1894, o m. o6, o m. o9 et o m. 12, et allongement maximum atteint dès 1898, o m. 47, o m. 32 et o m. 5o. Ces deux essences souffrent donc beaucoup; c'est le contraire qui se produit pour les trois autres. C'est ainsi que, dans le pin d'Alep, nous trouvons pour les trois échantillons :

Allongement moyen des 12 dernières années	$0^m 22$	$0^m 18$	$0^m 19$
Allongement minimum en 1893........	o o9	o o8	o 11
Allongement maximum de 1897........	o 32	o 27	o 24

Dans le pin maritime :

Allongement moyen des 12 dernières années	$0^m 37$	$0^m 35$	$0^m 37$
Allongement minimum...............	o 26	o 24	o 28
Allongement maximum après traitement...	o 37	o 5o	o 57

Dans le pin laricio de Salzmann :

Allongement moyen des 12 dernières années	$0^m 34$	$0^m 31$	$0^m 35$
Allongement minimum...............	o 27	o 27	o 28
Allongement maximum après traitement...	o 44	o 41	o 43

Le moins touché est donc le laricio de Salzmann. En ce qui concerne le pin maritime, il convient de remarquer que cet arbre ne souffre réellement que quand, alors qu'il est très jeune, les chenilles concentrent leurs ravages sur la pousse terminale. Dans ce cas, il y a un arrêt absolu dans le développement du sujet. Nous n'avons donc pu prendre comme échantillons des pins maritimes en cet état. Si, au contraire, les bourses se trouvent sur des branches latérales, l'arbre souffre fort peu, ce qui explique les résultats des tableaux III et IV. Cette essence occupe donc une place à part. Suivant son âge et surtout le mode d'attaque de la Processionnaire, elle souffre beaucoup ou reste à peu près indemne.

Le pin d'Alep serait plus sensible aux attaques, en raison de la légèreté de son feuillage, mais il faut de bien grandes invasions pour qu'il soit attaqué. Nous n'avons eu à le protéger efficacement qu'en 1892 et 1893. Depuis cette époque, il s'est rapidement reconstitué, et on ne trouve que fort peu de bourses dans les massifs purs de cette essence.

Voici prouvé d'une façon complète, il nous semble, la réalité des dégâts causés par les chenilles, l'effet nuisible de leurs attaques et l'impossibilité qu'il en soit autrement.

Nous allons cependant ajouter quelques chiffres généraux et décrire la marche de l'invasion dans notre région, en ajoutant quelques indications sommaires sur ce qui se passe dans les régions voisines.

L'étendue des reboisements en résineux, dans notre service, peut être évaluée à 1,400 hectares environ. Sur ces 1,400 hectares, 50 sont trop jeunes pour être attaqués, et 250 environ ont été jusqu'à présent à peu près indemnes : ce sont ceux situés à l'extrémité Ouest de la région, les plus profondément enfoncés dans le massif montagneux, situés entre 1,000 et 1,500 mètres d'altitude, à l'exposition Nord.

Nous attribuons cette immunité non seulement à l'altitude et à l'exposition, qui n'ont été qu'une aide pour nous, mais surtout à l'échenillage attentif dont ils sont l'objet. Cette opération a d'autant plus d'importance que ces 250 hectares sont le chemin obligatoire de la Processionnaire pour atteindre la partie Ouest du département, préservée jusqu'à présent, quoique couverte de peuplements résineux.

Les 1,100 hectares restants peuvent être décomposés en :

280 hectares occupés par le pin noir d'Autriche ;
600 hectares occupés par le pin sylvestre ;
50 hectares occupés par le pin d'Alep ;
70 hectares occupés par le pin laricio de Salzmann ;
100 hectares occupés par le pin maritime.

Le laricio de Corse et le pin à crochets sont trop disséminés pour qu'on puisse leur attribuer une étendue quelconque.

Les 280 hectares de pin noir sont attaqués depuis 1889, les ravages s'étendant des vieilles aux jeunes plantations. Sur ces 280 hectares, on peut largement évaluer à 100 les surfaces complètement détruites, que nous reconstituons péniblement.

Les 500 hectares de pin sylvestre, quoique attaqués et ayant beaucoup souffert lors des grandes invasions, n'ont pas cependant disparu par massifs, mais seulement par sujets isolés. Les 100 hectares occupés par le pin maritime ont beaucoup souffert ; près de 40 ont disparu, mais seulement dans les années suivantes et pour une cause que nous expliquerons plus loin. Enfin les pins d'Alep et pins laricios de Salzmann sont restés presque absolument indemnes, bien qu'ils aient été attaqués depuis 1892 et avec une grande violence en 1893.

En définitive, on constate un déchet sensible et apparent sur les pins noirs, sensible aussi mais peu apparent au début sur les pins sylvestres et pins maritimes, insignifiant sur les autres.

Mais pendant que l'invasion, grâce à notre traitement, demeurait stationnaire tout en restant inoffensive ou même diminuant pour nos jeunes plantations, elle faisait la tache d'huile autour.

Tous les reboisements particuliers étaient atteints les premiers, puis bientôt après les massifs spontanés, et la chenille, comme nous l'avons dit plus haut, s'élevait en altitude à des hauteurs imprévues, aussi bien à l'exposition Nord qu'aux autres. Actuellement, les forêts communales de Mosset et Conat sont ravagées; ravagées également les forêts particulières du Bac, de Nohèdes et de Coubazet; ravagés aussi, enfin, les jeunes reboisements en pins à crochets de la forêt domaniale de Casteil, en plein massif du Canigou.

On peut évaluer à 2,500 hectares la superficie envahie, soit, avec les reboisements de la Tet, 3,900 hectares, alors qu'en 1888 il s'agissait de quelques bourses isolées, placées çà et là sur une étendue de moins de 15 hectares.

L'insecte, d'ailleurs, s'est répandu dans toute la plaine du Roussillon, mais, en l'absence de massif plein, il s'attaque aux sujets isolés dans les jardins, qui tous ont plus ou moins à souffrir.

Si des périmètres de la Tet nous passons aux périmètres de l'Argentdouble ou du Rialsesse, nous verrons encore que les peuplements attaqués sont ceux de pin noir et de pin sylvestre et que toutes les plantations de résineux le sont dès qu'elles atteignent sept ans environ. Les années d'invasion ont été surtout celles de 1894, 1895 et 1896. Il semble, en ce moment, exister une forte diminution dans les résineux de l'Argentdouble.

Dans le cantonnement de Lagrasse, 400 hectares de reboisements facultatifs communaux en pin maritime et pin noir ont été envahis, d'où la mort de sujets isolés. Les pins d'Alep attaqués ont bien résisté. 100 hectares de ces derniers sont restés indemnes. Les années d'invasion ont été surtout 1893, 1894 et 1895.

Dans le périmètre de la Lergue, près de Lodève, qui faisait l'admiration de tous les visiteurs et qu'on considérait comme définitivement reboisé, sur 1,200 hectares de résineux, 600 environ sont fortement endommagés et compromis, 500 avec l'invasion encore limitée, 100 environ indemnes. Les plus attaqués sont toujours le pin sylvestre, le pin noir d'Autriche et le pin maritime, le pin d'Alep restant presque indemne.

Dans cette région, le pin à crochets est une des essences qui souffrent le plus.

Rien n'est plus naturel. Cette essence, par sa nature même, longévité et faible importance des aiguilles, doit particulièrement souffrir. Mais cette aptitude à la souffrance est singulièrement augmentée par son introduction hors de son aire d'habitation ; on ne devrait jamais introduire le pin à crochets dans les régions méridionales au-dessous de 1,000 mètres.

Dans le Gard, les reboisements résineux effectués par l'Administration forestière, principalement ceux des contreforts de l'Aigoual, sont fortement attaqués. D'où obligation constante de travaux de défense.

Nous tenons à signaler dans ce département un fait intéressant :

Il y a une trentaine d'années, une petite forêt de pins parasols et maritimes fut constituée sur le territoire de la commune de Meynes par un reboisement facultatif. On a eu, malgré des échenillages intensifs suivant l'ancienne méthode, toutes les peines du monde à sauver un certain nombre de pins. Heureusement que sous ces pins s'installe un joli massif de chênes verts qui remplacera avantageusement les résineux. Dans l'Ardèche, enfin, les chenilles ravagent les reboisements domaniaux et comme partout obligent à la lutte contre elles, sous peine de destruction des jeunes massifs. Le pin noir est surtout leur proie.

Nous voyons donc que les pins souffrent et souffrent beaucoup directement. Mais l'invasion des chenilles a un autre très grave inconvénient, sur lequel nous attirons tout particulièrement l'attention. Elle affaiblit l'arbre et le met en mauvaise posture pour résister aux attaques d'une foule d'autres insectes, notamment des Coléoptères représentés surtout par des Bostriches et Scolytes, voire même de Curculionides et aussi d'Hyménoptères parmi lesquels nous citerons le *Sirex gigas*.

Toutes les larves de ces insectes sont généralement impuissantes contre des sujets sains. La résine et les autres sucs de l'arbre noient, c'est le mot, la larve et l'enferment à l'intérieur du bois ; mais si le sujet est affaibli par la perte, pendant plusieurs années successives, de ses organes foliacés, aussitôt ces abondantes sécrétions se ralentissent, les larves ne sont plus gênées dans leur travail. Elles creusent une foule de galeries entre le bois et l'écorce et finalement amènent à très bref délai la mort de l'arbre. C'est à elles principalement qu'est due la perte des sujets isolés citée plus haut dans les massifs de pin sylvestre. C'est à elles également qu'est due la mort de beaucoup de pins maritimes. Ceux-ci, d'ailleurs, dès les premiers ravages des chenilles, sont particulièrement atteints, non pas que l'insecte dévore de préférence ses feuilles aux autres, au contraire, mais quand une bourse existe sur un sujet, toute la colonie s'acharne sur les extrêmes bourgeons, qui sont les seules parties bien tendres. Elles les font avorter et alors l'arbre prend un aspect buissonnant, la tige terminale est détruite, les latérales ne peuvent prendre le dessus. Ajoutons à cela que le givre d'hiver lui fait beaucoup de mal. L'arbre se trouve donc dans les conditions les plus mauvaises et c'est lui surtout qui devient la proie des larves de coléoptères. Ainsi, bien que la véritable année d'invasion soit 1893 et qu'à partir de cette époque nous ayons pu protéger les jeunes massifs, c'est principalement en 1895 et en 1896 que les pins maritimes dévastés en 1892 et 1893 sont morts. Et comme un danger en amène toujours un autre, la présence de ces sujets dévorés de larves de coléoptères ou d'hyménoptères est la cause de la multiplication intense de celles-ci.

Il y aurait lieu maintenant d'examiner les dangers que ferait courir le *Cnéthocampa pityocampa* à d'autres arbres que les pins. Mais ces dangers ne sont qu'imaginaires. Les chenilles, lors des grandes invasions, vont bien à la recherche d'aliments sur les arbres voisins après la disparition des feuilles de pins, mais ce n'est là qu'une tentative, et après avoir parcouru des arbres fruitiers ou autres, elles ne tardent pas à les abandonner.

En résumé, la chenille processionnaire du pin se nourrit des feuilles de tous les individus de cette famille existant dans son aire d'habitation. Elle mange même les aiguilles du cèdre, mais moins volontiers.

Elle choisit dans une même essence les sujets jeunes, qui lui offrent un aliment plus tendre, mais elle a également une préférence marquée pour certaines essences, qui sont dans cette région le pin noir d'Autriche et le pin sylvestre. Elle attaque d'ailleurs sans hésiter le pin maritime, le pin parasol et le pin laricio de Corse, et ce n'est que par suite d'absence de nourriture, lors des grandes invasions, qu'elle dévore les aiguilles du pin d'Alep et du pin laricio de Salzmann.

Parmi tous ces arbres, certains résistent moins bien, soit à l'attaque directe, soit à l'attaque des autres parasites, lorsqu'ils sont affaiblis. Celui qui souffre le plus est incontestablement le pin noir d'Autriche, puis viennent à peu près sur la même ligne le pin sylvestre et le pin maritime, ensuite le laricio de Corse, le pin parasol, et tout à fait en dernière ligne le pin d'Alep et le pin laricio du Conflent.

Les dégâts résultant de ces attaques sont certains. Répétés plusieurs années de suite, ils suffisent seuls pour amener la mort du sujet en le privant des organes foliacés indispensables à l'assimilation du carbone. S'ils ne se reproduisent que deux ou trois fois, mais la défoliaison étant complète, ils affaiblissent l'arbre à un tel point qu'ils le livrent sans défense à des ennemis redoutables se multipliant, eux aussi, avec la plus déplorable intensité. Sa mort n'est plus alors qu'une question de temps.

On comprend, dans ces conditions, l'intérêt que présente l'étude de la Processionnaire et l'urgence qu'il y a à chercher et trouver des moyens de défense. C'est l'étude de ces moyens de défense qui va nous occuper dans la troisième partie.

TROISIÈME PARTIE.

DESTRUCTION DE LA PROCESSIONNAIRE DU PIN.

Nous voici arrivé au point important de notre travail, à la description des moyens à employer pour détruire la Processionnaire du pin. Si nous nous sommes étendu aussi longuement dans la première partie, ce n'est pas seulement pour faire connaître ce dangereux ennemi des plantations, c'est aussi pour arriver à une discussion rationnelle des procédés de destruction, pour montrer que celui que nous préconisons est logique et qu'il est à la fois préventif et curatif.

Tout d'abord, il importe de démontrer la nécessité de cette destruction. Il a paru en effet, il y a quelques années, dans la *Revue des eaux et forêts*, un article où l'auteur, après avoir décrit les ravages causés par la Processionnaire du pin dans une forêt de la Corse, concluait à sa disparition spontanée et par suite à l'inutilité d'une lutte contre lui.

Il importe de combattre cette conclusion. D'abord une invasion n'est pas obligatoirement suivie de sa disparition spontanée. Nous connaissons des peuplements naturels où, depuis plus de cinq ans, la chenille continue ses ravages. En outre, en admettant même cette disparition spontanée au bout de trois ou quatre ans, nous venons de voir que ce laps de temps est largement suffisant pour laisser endommager d'une façon irrémédiable les jeunes plantations.

Si, en effet, l'abandon à eux-mêmes des peuplements naturels formés de sujets âgés et vigoureux est admissible, il n'en est plus de même pour les jeunes reboisements résineux, toujours délicats à leur début, ayant à lutter contre une foule d'ennemis et constitués à grands frais.

En partant de ce principe, il serait infiniment plus logique de renoncer à toute plantation résineuse. Nous reviendrons plus loin sur ce point spécial.

Non seulement les jeunes plantations se trouvent dans des conditions de lutte désavantageuse, mais encore l'invasion paraît s'y perpétuer indéfiniment.

C'est ainsi que dans notre région l'insecte n'a pas disparu de lui-même. Depuis plus de treize ans qu'il existe et qu'il commet des dégâts, on n'a pas pu constater seulement une tendance à diminution spontanée du nombre de bourses. Au contraire, de 1887 à 1893, nous avons pu voir chaque année la Processionnaire du pin se multiplier. Si, à partir de 1893, il y a une décroissance sensible, cela tient uniquement, et nous le démontrerons d'une façon absolue, aux travaux de destruction exécutés en grand. La méthode suivie l'a été d'une manière si énergique et si radicale, qu'au milieu d'avril 1897, après la dernière période de traitement, il a été impossible de trouver une seule bourse complète, contenant des sujets vivants dans toute l'étendue des jeunes plantations (1,100 hectares), et cela malgré des recherches nombreuses. De telle sorte que, tenant à avoir une bourse de sujets vivants pour des études complémentaires, nous avons dû aller la chercher nous-mêmes dans des plantations particulières hors les massifs de l'État.

Cette constance dans l'invasion existe également dans les centres d'attaque des régions voisines. Ce n'est que dans des conditions particulières, que nous n'avons pas vu encore se produire, qui cependant peuvent exister, que la disparition spontanée aura lieu. Cette disparition spontanée ne peut avoir lieu que par deux moyens : destruction de la Processionnaire par ses parasites, tant animaux que végétaux, ou autres ennemis ; destruction par suite des intempéries atmosphériques : froid, chaleur ou humidité.

Jusqu'à présent on n'a pas indiqué d'ennemis suffisamment nombreux. Pour détruire une pareille quantité de sujets, il faut une invasion correspondante d'ennemis. Quand cette invasion se produit chez d'autres insectes, c'est généralement à la suite d'une année où les sujets de la première espèce abondent. Les parasites ou ennemis trouvent un champ de développement tout préparé. C'est sans doute à un cas de ce genre qu'il faut attribuer la disparition signalée par M. Bonnet, en Corse, si toutefois cette disparition a été totale et définitive. Mais nous devons dire que ce cas espéré par nous ne s'est produit ni dans l'Hérault, ni dans l'Aude, ni dans les Pyrénées-Orientales. Et cependant l'intensité des invasions de 1892 et 1893 nous permettait d'espérer en l'apparition d'un parasite qui viendrait à notre aide.

Cet espoir a été déçu, et si, en 1894, l'échenillage n'avait été intensivement opéré, nous aurions eu à déplorer la perte de nombreux peuplements incapables de résister à trois défoliaisons successives.

Malgré tout, il existe quelques ennemis connus de la Processionnaire du pin. La larve d'un calosome, le Calosome sycophante, se nourrit de chenilles. Elle s'introduit dans les bourses, où elle se gorge de l'insecte. Une mouche à deux ailes a été signalée par Robineau-Desvoisy comme donnant une larve qui vivrait dans le corps de la chenille. Il existe également quelques helminthes donnant naissance à des filaires, des pimples, des ichneumons détruisant la chenille. Mais nous devons avouer que dans la région nous n'avons que très rarement reconnu la présence de ces divers parasites. Ce n'est que par hasard que l'on trouve une bourse où les sujets sont morts naturellement. Quant aux oiseaux, ils paraissent dédaigner la chenille. En réalité, comme nous l'avons dit, celle-ci a une défense complète dans ses poils urticants.

Nous avons également trouvé, mais toujours à titre tout à fait exceptionnel, des cocons de chrysalides envahis par des filaments blanchâtres, sans doute un *mycelium*.

Peut-être, quand la question sera plus avancée, pourra-t-on tenter des cultures de champignons parasites, imitant en cela l'exemple donné par MM. Sauvageon et Perraud, qui proposent la culture de l'*Isoria farinosa* pour la destruction du *Cochylis ambiguella*. Le procédé consiste à délayer les spores de l'Isoria dans de l'eau et à en asperger, en septembre, les feuilles de vigne alors que les chenilles se retirent sous les écorces pour la nymphose. L'*Isoria farinosa* se développe, envahit la chrysalide, qui est littéralement momifiée, le corps rempli de filaments blancs.

Enfin nous donnons la photographie d'une ponte, dont la plupart des œufs ont avorté. Ces avortements rares se produisent généralement sur des pontes irrégulières, ce qui laisserait croire, comme nous le disons plus haut, que la femelle du papillon était déjà atteinte d'un mal incurable.

En résumé, jusqu'à présent, il n'existe pas de parasites nettement connus sur lesquels se puissent fonder des espérances sérieuses, et qu'il y aurait lieu de favoriser.

L'action des agents atmosphériques et naturels est-elle plus importante ? La question est douteuse à la suite de nos observations. Il paraissait autrefois certain, en effet, que la chenille était sensible aux grands froids et qu'elle pouvait être détruite par eux. On croyait aussi que la pluie la gênait; on attribuait enfin de l'importance aux vents violents et à la compacité du sol. Examinons séparément l'action de chacun de ces agents.

On peut admettre, *a priori*, que le rôle joué par la compacité du sol est peu important.

Évidemment, dans des terrains argileux compacts, ameublis momentanément, la chrysalide pourra avoir de la peine à accomplir sa métamorphose, et le papillon à sortir de terre, surtout si les pluies viennent coaguler le sol. Mais il y a là une réunion de conditions rarement trouvées, surtout dans les régions méditerranéennes, où les pluies sont rares. Pour notre part, nous n'avons jamais constaté des diminutions d'invasions de ce chef.

Il en est de même du rôle de la pluie. Pour si abondamment que celle-ci soit tombée, nous avons toujours trouvé les chenilles à sec, dans leur parfait abri de soie. Nous n'avons pas, pour notre part, remarqué de décroissance d'invasion à la suite des périodes par-

ticulières d'humidité. Nous devons dire cependant que M. Pillot, garde
général des forêts, à Grésigne, n'est pas éloigné de croire que dans
son ancien cantonnement de Lagrasse, une légère décroissance
d'invasion, observée en 1891-1892, pourrait être attribuée à l'humidité qui a suivi les inondations de 1891. Nous croyons plutôt
qu'on pourrait attribuer ce fait aux grands froids de l'hiver 1890-
1891, absolument exceptionnels, qui, dans cette région plus froide
que celle des Pyrénées-Orientales, auraient pu détruire un certain
nombre de sujets. Il y aurait donc eu diminution importante dans
les chenilles pondeuses de l'été 1891, et diminution proportion-
nelle dans le nombre de colonies provenant de cette ponte, colonies
ayant vécu pendant l'hiver 1891-1892.

Nous n'émettons nous-même cette hypothèse qu'avec la plus
grande réserve. Nous espérons bien, en effet, que de tous les agents
mécaniques ou atmosphériques mis en jeu par la nature contre la
Processionnaire, le plus efficace, le seul même, est encore le froid.
L'absence constatée des chenilles dans les peuplements d'altitude
très élevée le prouve, mais nous devons dire que les chiffres cités
jusqu'à présent sont bien inférieurs à la réalité. La chenille sup-
porte des froids autrement vifs que les − 12° centigrades signalés
par Réaumur. Il suffirait, pour le pressentir, de savoir que
la chenille vit parfaitement en Auvergne, où le thermomètre,
pendant les nuits d'hiver, descend plus bas. Mais nous avons
d'autres preuves qu'il est malheureusement difficile de mettre en
doute.

Pendant l'hiver 1890-1891, rappelé plus haut, le thermomètre
est descendu, à Prades, à − 11° centigrades. Il s'est maintenu
pendant plusieurs nuits consécutives à cette température, et pendant trois périodes distinctes : fin décembre, commencement janvier
et fin janvier. Or, Prades est à 350 mètres d'altitude et la ville est
bien abritée. L'altitude moyenne des peuplements attaqués par les
chenilles varie de 800 à 1,000 mètres. Ils sont situés indifférem-
ment à toutes les expositions, mais généralement sans abri. Bien

que nous ne puissions donner de chiffres exacts, il est naturel de penser que cette augmentation de 500 mètres d'altitude et cette absence d'abri a dû entraîner une augmentation correspondante du froid. Si nous supposons cette augmentation de 5°, et nous croyons ce chiffre bien au-dessous de la vérité, les chenilles, à l'abri de leur bourse, auraient supporté, sans en souffrir, une température de − 16° centigrades, et cela pendant plusieurs jours consécutifs. On devait donc, d'après les chiffres de Réaumur, espérer les voir mourir toutes.

Or nous n'avons pas constaté une différence quelconque dans l'état des colonies avant et après le froid. Précisément, cette année-là, l'échenillage ayant été pratiqué dans la période allant du 19 au 31 janvier, toutes les bourses contenaient leurs chenilles bien vivantes. Et, malgré cet échenillage exécuté rationnellement, nous avons eu un nombre important de chenilles, en 1891, qui a amené les grandes invasions de 1892 et 1893. C'est donc encore un espoir qu'il faut abandonner. Si, dans cette région, les froids de 1890-1891 n'ont pas eu raison des chenilles, celles-ci résisteront à tous les hivers. D'autre part, si on se reporte à la première partie, on verra que nous avons constaté la présence de nombreuses colonies de chenilles à l'exposition Nord, à près de 1,700 mètres, toutes bien vivantes malgré des périodes de froids très vifs.

Le chiffre de Réaumur reste d'ailleurs explicable, car on ne saurait comparer, à cet égard, des expériences de laboratoire avec ce qui se passe dans la nature.

L'action du vent ne peut entrer en ligne de compte que dans le cas de violents ouragans, lors de la vie de l'insecte à l'état parfait. Les papillons peuvent alors être entraînés au loin. Mais c'est là un cas exceptionnel sur lequel il ne faut aucunement compter; il n'y a qu'un simple déplacement du point d'attaque, le papillon allant porter ses œufs sur une autre région.

C'est même ce qui permet d'expliquer, suivant nous, l'invasion spontanée de peuplements distincts et éloignés, où jamais précédemment n'avait été constatée la présence de la Processionnaire du pin.

Nous ne devons donc, pour le moment, compter sur aucune aide. Il n'y a plus qu'à envisager résolument, si on ne veut pas voir disparaître à brève échéance les plantations, la lutte directe de l'homme contre l'insecte.

Rien, cependant, n'est moins encourageant. On se heurte à un nombre considérable de difficultés. Pour en donner une idée, il suffira de rappeler les travaux de Blanchard et de ses prédécesseurs dans la lutte entreprise contre un autre lépidoptère des plus nuisibles, une noctuelle, le ver gris de la betterave (*Agrotis clavis*).

Cet insecte a, d'ailleurs, un point commun avec celui que nous étudions. Après avoir vécu à l'état de chenille aux dépens des organes aériens de la betterave, il va se terrer pour se transformer en chrysalide. A peu près tous les moyens furent tentés. Épandage sur les terres de plâtre imprégné d'acide chlorhydrique, de suie, de vinasse de distillerie, de purin, de chaux, de cendres pyriteuses, de décoctions d'aloès et feuilles de noyer, le tout sans grand succès. Des tranchées de largeur variable, de 1 mètre de profondeur, à parois bien verticales, furent ouvertes autour des plantations de betteraves. Les chenilles venaient s'y entasser et y mourir en empestant l'air, mais beaucoup pouvaient remonter. L'échenillage à la main laissait échapper un nombre considérable de chenilles cachées dans le sol.

On établit même des poulaillers roulants; on espérait que les poules, avides de chenilles, les auraient vite dévorées. Mais le remède fut pire que le mal, les volailles dévorant les jeunes pousses de betterave en même temps que les vers gris ou même de préférence à eux. Les feux allumés la nuit n'attirèrent pas davantage les papillons. Enfin M. Blanchard s'était arrêté à deux moyens, préventifs surtout : cueillir les œufs déposés en paquet sur les plantes et tasser fortement le sol autour de celles-ci. Ce tassement a un double effet : empêcher les chrysalides devenues papillons de sortir du sol et forcer les chenilles, qui ne peuvent supporter la grande chaleur du jour, à rester à l'air libre. Mais la récolte est chose bien délicate à réussir complètement et le tassement des terres autour des plantes, outre qu'il doit être d'une exécution difficile et incomplète, doit certainement être un obstacle à la bonne venue de la betterave.

Pour la Processionnaire du pin, les tentatives n'ont pas été moins nombreuses et nous n'avons vu jusqu'à présent indiquer aucune méthode comme ayant donné des résultats vraiment encourageants. Nous allons décrire celle que nous employons depuis neuf ans dans le périmètre de la Tet inférieure avec un succès qui s'affirme chaque année de plus en plus. Nous exposerons, en même temps, les tentatives faites d'autre part ou anciennement, et nous en tirerons les conclusions pratiques.

Tout d'abord, dans la lutte entreprise contre un insecte qui a quatre phases de vie bien distinctes, rien n'est plus naturel que de chercher à l'atteindre sous chacune de ses formes, puis, ou de choisir le mode de lutte le plus pratique, ou d'en employer concurremment plusieurs.

Œufs. — Nous n'avons pas eu connaissance, jusqu'à présent, d'une lutte quelconque entreprise directement contre les œufs. Cependant, la grosseur de la ponte et sa couleur la rendent assez visible; il paraît donc possible de l'attaquer directement. Nous nous sommes livré, à cet égard, à des expériences nombreuses; nous avons badigeonné des pontes recueillies avec des solutions d'acide chlorhydrique, sulfurique, azotique, phénique, de sublimé corrosif et d'ammoniaque. Nous espérions que, dans les années de grandes invasions, on pourrait arriver, avec un appareil de vaporisation, à projeter sur les peuplements attaqués une fine pluie de ces solutions très peu coûteuses. Mais pour que celles-ci fussent peu coûteuses, il fallait de toute évidence que la solution ne fût pas à un titre trop fort et que la quantité de liquide à projeter ne fût pas trop considérable, sans quoi la main-d'œuvre eût atteint des prix élevés. Il fallait, enfin, que les arbres ne pussent en souffrir, ce qui, encore plus, nécessitait un titre de solution très faible.

Or nous avons eu le regret de constater qu'une simple aspersion était insuffisante. Pour que notre étude fût concluante, nous partagions en trois portions égales une ponte. La première était laissée intacte, la deuxième aspergée sommairement, la troisième immergée pendant cinq minutes environ dans le liquide. L'acide chlorhydrique a donné peu de résultats, de même que les acides sulfurique et azotique. L'acide phénique, l'ammoniaque et le bichlorure de mercure nous avaient laissé entrevoir quelques espérances. L'éclosion de la section aspergée n'eut pas lieu lors de l'éclosion de la section non essayée; nous pensions le germe détruit, quand, au bout d'un laps de temps variable, l'éclosion eut lieu.

Le retard avait varié, suivant les liquides, de 4 à 8 jours. Quant aux pontes immergées, le germe avait été détruit définitivement. Malgré cela, il fallait renoncer à ce procédé, puisqu'une simple aspersion était insuffisante.

Nous avons alors essayé la récolte directe des œufs sur les arbres, en enlevant les aiguilles à pontes. Cet enlèvement serait, évidemment, le meilleur de tous les procédés, puisqu'il détruirait sans dommages l'ennemi, et avant que celui-ci ait commencé ses ravages. Malheureusement, d'une part, il n'est pratique que dans des conditions tout à fait spéciales, c'est-à-dire sur les tout jeunes arbres à la portée de la main, et, d'autre part surtout, pour si attentif que soit le chercheur, il laisse en place une quantité de pontes considérable, généralement bien supérieure à celle qu'il enlève. Néanmoins ce procédé peut rendre des services lors des années de grandes invasions, lorsque les pontes sont très nombreuses. L'ouvrier, alors, gagnera facilement sa journée, et ce sera autant de fait pour plus tard.

Nous avons fait procéder à ce travail en 1893, année où l'invasion a été la plus considérable. Cet enlèvement a été effectué du 1ᵉʳ au 9 septembre. Il a nécessité 78 journées de femmes et d'enfants, payés à raison de 1 fr. 30 par jour, répartis en trois chantiers, surveillés chacun par un garde. On a pu récolter 44,000 pontes, ce qui représente une moyenne de 568 œufs par journée d'ouvrier.

En ajoutant aux 101 fr. 40 de main-d'œuvre une somme de 9 à 10 francs pour indemniser les gardes surveillants, on arrive à 111 francs environ de dépense totale. On voit que le cent de pontes n'est revenu qu'à 0 fr. 25. C'était là un échenillage évidemment très économique, mais qu'il n'a plus été possible de renouveler dans ces conditions.

En 1893, il n'était pas rare de trouver 10, 15, 20 pontes et souvent davantage sur le petit pin. Les années suivantes, grâce aux échenillages intensifs exécutés à dater de 1893, ces proportions ne se sont plus renouvelées et les ouvriers n'ont pas retrouvé ce bon marché. De plus, bien que toute l'étendue des peuplements eût été parcourue, il était resté un nombre considérable de bourses. En effet, dans les échenillages successifs exécutés contre la génération de 1893-1894, 44,000 pontes ont été recueillies contre 558,000 bourses détruites; il faut ajouter qu'un nombre appréciable de celles-ci ont dû être laissées sur les arbres, faute de crédits suffisants pour terminer complètement ce travail. On voit que c'est à peine un douzième de la totalité des colonies détruites que représentaient les pontes enlevées. Et cependant on avait parcouru tous les terrains qu'on croyait attaqués.

Ce procédé, néanmoins, rend des services, les années de grandes invasions, associé à d'autres moyens de lutte. Sa complète innocuité milite en sa faveur et il est à recommander lorsque son emploi est facile, mais à condition bien entendu qu'il ne soit pas employé seul.

Chenille. — C'est surtout la chenille qui, jusqu'à présent, a été combattue; c'est d'ailleurs tout naturel et tout indiqué. La chenille est facilement visible, et c'est sous cet état que l'insecte commet ses ravages. Les anciens procédés employés consistaient unique-

ment à enlever la bourse. Au début même, précisément en vertu
de la théorie qui admettait une grande sensibilité de la chenille
aux intempéries atmosphériques, quelques personnes pensaient
qu'il suffisait d'ouvrir la bourse et de mettre les chenilles à l'air
pour que celles-ci fussent détruites par le froid ou les pluies. On
employait, pour ouvrir la bourse, une griffe servant à marquer les
arbres dans les comptages. Il n'est pas besoin de dire combien vite
les chenilles réparaient la brèche ouverte ou se reconstruisaient un
autre nid. A la suite des insuccès reconnus de ce mode d'opérer, on
avait pensé à enlever la bourse entière et à la transporter à l'écart
pour la brûler. L'idée était excellente, mais comme on ne pouvait
couper les branches terminales sur lesquelles étaient les nids, et
qu'également on avait peur de trop affaiblir l'arbre en sectionnant
des branches latérales, on avait tenté d'enlever les bourses en les
arrachant avec la griffe. C'est ce procédé que nous avons trouvé en
usage à notre prise de service du cantonnement de Prades Ouest,
en 1889.

Il allait, d'ailleurs, être forcément abandonné. D'une part, il
était d'une efficacité bien atténuée. En enlevant les bourses, en
effet, beaucoup de chenilles restaient sur les branches ou tom-
baient sur le sol, et se réunissaient ensuite pour former une nouvelle bourse. De plus, cette opération exigeait d'assez grands efforts
musculaires, la trame de la soie offrant une résistance considérable; d'où une grande perte de temps. Enfin, un défaut plus grave
exigeait la cessation absolue de ce genre de travail : les poils urticants des chenilles étaient mis en mouvement dans ces opérations
violentes et tous les gardes, qui opéraient alors eux-mêmes sans
l'aide d'ouvriers, étaient rapidement envahis par l'inflammation
résultant du dépôt de ces poils, et par suite hors d'état de conti-
nuer.

Dès nos premières tournées dans les reboisements de la vallée de
la Tet, nous eûmes l'occasion de constater l'invasion des chenilles
par places. Cette invasion ne laissait pas que de nous préoccuper;

nous connaissions, en effet, les difficultés occasionnées par les chenilles dans la forêt communale de Meynes (Gard), située dans le cantonnement d'où nous venions. C'est dans ce but que, le 20 décembre 1889, moins de deux mois après notre arrivée, nous prenions l'initiative de proposer un mode d'échenillage consistant, non plus à enlever les bourses, mais à les traiter par le pétrole, dont les propriétés insecticides[1] nous étaient bien connues.

Nous ne saurions mieux faire que de reproduire un passage de notre rapport du 20 décembre 1889, et la description portée au devis des travaux à exécuter.

Voici le passage du rapport : « Depuis plusieurs années, les chenilles ont attaqué les jeunes plantations et, par suite de l'absence de soins pendant les exercices précédents, cette invasion a pris, en 1889, un caractère des plus dangereux pour l'avenir des jeunes peuplements. Aussi devient-il très urgent d'aviser, si l'on ne veut pas perdre, en peu de temps, le bénéfice des travaux déjà faits, travaux qui ont duré plusieurs années et ont généralement donné des résultats satisfaisants.

« Nous proposons, en conséquence, l'échenillage au moyen du pétrole, etc. »

Le devis portait : « La destruction des chenilles se fera de la façon suivante : L'opérateur parcourt les plantations, et perce chaque bourse au sommet. Par l'ouverture, il introduit du pétrole, qu'il verse jusqu'à ce que la bourse entière soit imbibée. »

Et nous demandions un crédit de 297 francs pour écheniller 100 hectares environ que nous avions reconnus attaqués.

Malheureusement c'était déjà un peu tard, et nous manquions totalement d'expérience. La somme était insuffisante. 100 hectares étaient bien attaqués et ils ne pouvaient être traités de suite, puis-

---

[1] Le pétrole est employé depuis longtemps, avec le plus grand succès, contre les punaises. Il suffit de passer un pinceau imbibé sur les bois de lit, tapisseries, etc., pour les détruire instantanément. De même, il est d'une efficacité absolue contre la gale : nous devons ce dernier renseignement au docteur Lamer.

que le crédit n'était demandé que pour l'exercice 1890; mais ce chiffre allait s'accroître vite, et en 1890 c'étaient non pas 100 mais 200 hectares qu'il fallait compter. En suivant les errements précédents, et dans l'espoir de mieux atteindre l'insecte, nous avions attendu, pour faire le travail, que la bourse fût bien formée et que les gros froids d'hiver eussent commencé. C'est, d'ailleurs, la théorie qui subsiste encore dans beaucoup d'endroits, théorie qu'il faut combattre énergiquement.

L'échenillage ne fut donc commencé que tout à fait à la fin de l'exercice 1890, c'est-à-dire dans les deux dernières semaines de janvier 1891, précisément après les grands froids de cette année-là. Avec les 297 francs dont nous disposions, les chantiers d'ouvriers purent parcourir tout juste le quart des surfaces attaquées, 52 hectares environ.

Les 297 francs employés furent divisés en 157 francs de main-d'œuvre, 114 fr. 60 d'acquisition de 152 litres de pétrole et 25 fr. 40 de manipulation, transport de pétrole et frais divers. On se borna à l'introduction du pétrole dans les bourses; aucune ne fut enlevée. 43,000 bourses, en chiffres ronds, furent pétrolées. La destruction de 100 bourses coûtait donc 0 fr. 69 et nécessitait l'emploi de 0 lit. 59 de pétrole.

Le même manque d'expérience fut cause que la génération de 1891-1892 put vivre tranquille. Les crédits sont demandés en octobre de l'année précédant celle de l'emploi. Il aurait donc fallu demander, en octobre 1890, les crédits pour l'échenillage de 1891. Or on n'avait pas encore fait l'échenillage de l'exercice 1890; nous avons vu, en effet, que cet échenillage a été exécuté en janvier 1891. Dans ces conditions, nous ne voulions pas demander des crédits sans connaître le résultat des travaux à entreprendre.

De plus, une fois l'hiver écoulé, nous escomptions le bon effet de ces échenillages, et surtout la rigueur de l'hiver. Ce fut un grave tort. L'invasion se fit en 1891-1892; elle fut aussi violente que l'année précédente et, par l'absence de traitement, tout le bénéfice du travail de janvier 1891 fut perdu, et les grandes invasions de 1892 et 1893 furent préparées.

Il est cependant inexact de dire que tout fut perdu : d'abord beaucoup de chenilles avaient été détruites, et l'invasion retardée d'une année; en outre, le travail exécuté avait fourni de précieuses indications. Nous avions reconnu le défaut d'opérer aussi tardivement et la nécessité de quelques modifications.

Il était évident qu'à tuer les chenilles, il valait mieux le faire avant qu'elles eussent terminé leurs ravages ou plutôt avant qu'elles les eussent commencés. L'échenillage devait donc se faire en septembre, dès que la présence des bourses était nettement visible. De plus, nous trouvions la quantité de pétrole employée, et par suite la dépense, trop considérable. Pour la diminuer, nous avions décidé de proposer la section de l'extrémité des petites branches latérales sur lesquelles se trouvaient les chenilles. Un crédit d'essai de 175 francs fut demandé à cet effet et utilisé en septembre 1892. On employa 178 litres de pétrole, qui coûtèrent 75 fr. 70, transport compris, et la main-d'œuvre fut de 99 fr. 30.

Cet échenillage permit la destruction de 93,400 bourses, dont 41,000 placées aux branches terminales et par conséquent détruites avec le pétrole. L'économie réalisée était considérable; mais elle était due surtout à la grande quantité de bourses accumulées dans une même région, c'est-à-dire à l'intensité de l'invasion. Le taux du pétrole s'abaissait à 0 lit. 43 par 100 bourses et le prix de revient de destruction à 0 fr. 19 par 100 bourses également, tant latérales que terminales. De plus, on avait détruit 93,000 colonies de chenilles, soit près de 20 millions d'individus, avant qu'elles eussent commencé à commettre de sérieux dégâts, et protégé 46 hectares.

Mais le manque d'expérience se faisait toujours sentir; l'invasion était bien trop grande pour que l'on pût, avec 175 francs, tout protéger; 200 à 300 hectares restaient sans secours. Aussi, à la suite de cet échenillage, demandions-nous un crédit de 520 francs que nous comptions employer, en 1893, dès l'apparition de la nouvelle génération.

C'est précisément en 1893 que nous avons essayé plusieurs procédés, tels que la destruction des papillons la nuit, la récolte des pontes, l'arrêt de la migration par le goudron, l'emploi de divers insecticides, etc. Tous sans un succès bien marqué, comme nous le verrons.

Cette année, l'éclosion fut assez avancée. Dès le 9 septembre, nous devions cesser la récolte des pontes, qui commençaient à éclore. Déjà ce travail nous avait pris 111 francs environ. Il ne restait plus que 409 francs disponibles.

Le nombre des chenilles était si considérable, qu'en une seule quinzaine d'octobre toute la somme fut dépensée. Avec cette somme, nous avions pu parcourir 104 hectares et détruire 122,000 bourses, dont 48,000 au pétrole.

Le coût des 100 bourses était de 0 lit. 55 en pétrole et 0 fr. 34 en dépense totale. Mais il restait encore 400 hectares attaqués. Un crédit supplémentaire était demandé d'urgence. Nous voulions tenter un grand effort avant d'abandonner tout espoir. Le crédit, rapidement accordé, était aussitôt employé et, en décembre 1893 et janvier 1894, nous détruisions, dans 250 hectares, 436,000 bourses, dont 238,000 avec 1,675 litres de pétrole. Dans ce troisième échenillage, les bourses étant plus grandes, le taux s'élevait légèrement et devenait de 0 lit. 58 de pétrole et 0 fr. 42 de dépense totale. 150 hectares avaient dû être négligés faute de crédits. D'ailleurs, sur la majeure partie de ceux-ci, les chenilles avaient tout dévoré dès la fin novembre. Elles avaient, en conséquence, émigré en d'autres cantons.

On voit qu'en 1893 nous avons détruit l'énorme quantité de 602,400 bourses, représentant plus de cent millions d'individus, répartis sur 500 hectares. Malheureusement, tout n'était pas détruit. Certaines régions n'avaient pu être parcourues, et même dans celles échenillées, comme le travail y avait été fait en une seule fois, il était resté de nombreuses bourses, les unes qui avaient échappé à l'œil des échenilleurs, les autres formées des débris de bourses détruites.

Une invasion nouvelle, en 1894, était donc probable. En présence de cette invasion, dès 1893 nous demandions un crédit de 2,300 francs.

De plus, pour arriver autant que possible à la destruction totale des chenilles, le travail d'échenillage fut fait deux fois sur chaque point : une première fois en septembre et octobre 1894, et une deuxième en novembre et décembre. On put ainsi détruire 625,000 bourses, dont 199,000 au moyen de 1,160 litres de pétrole. Les taux du cent de bourses furent de 0 lit. 58 de pétrole et 0 fr. 37 de dépense totale.

Malgré l'importance de l'invasion, qui avait amené la destruction de presque autant de bourses qu'en 1893, nous commencions à reprendre espoir. La majeure partie des 625,000 bourses avait été détruite en septembre-octobre, avant que les chenilles eussent exercé des ravages sensibles. Les peuplements, qui à la fin de 1893 étaient absolument dénudés, étaient encore verts à la fin de 1894, sauf quelques sujets isolés. On pouvait donc compter sur leur réfection lente, mais à condition de venir sans cesse à leur secours.

En 1895, la lutte fut continuée avec plus de vigueur encore. Nous avons remarqué qu'en 1894 un assez grand nombre de bourses avaient échappé aux deux premiers échenillages, quelque soigneusement qu'ils aient été exécutés.

Ce fait était surtout dû à ce que, dans les premières heures de la journée, des individus isolés se trouvant encore hors des bourses échappaient. Ces individus se réunissaient ensuite pour former une colonie nouvelle, souvent composée de quelques individus seulement.

Les papillons qui en provenaient, unis à ceux des plantations particulières non traitées, suffisaient largement à préparer une troisième invasion. Il fallait mettre encore plus de soin, si c'était possible, au travail d'échenillage.

La génération de 1895-1896 fut donc attaquée à trois reprises différentes : en octobre et novembre 1895, avant les grands dégâts; en décembre 1895 et janvier 1896, pour détruire les bourses n'ayant pas été aperçues au premier échenillage, et en mars et avril 1897 pour supprimer les bourses reformées par les individus isolés. Cette génération était en retard d'éclosion.

La destruction de 619,000 bourses fut effectuée, et une fois le travail fini il n'en restait que bien peu ayant échappé à cette triple recherche. Sur ces 619,000 bourses, 158,000 étaient détruites au moyen de 904 litres de pétrole. La dépense totale s'élevait à 3,193 francs. Le coût de destruction du cent de bourses était donc de 0 lit. 57 de pétrole et de 0 fr. 52 de dépense totale. Le taux de pétrole restait sensiblement constant, mais le taux de la main-d'œuvre s'élevait naturellement, puisqu'on repassait plusieurs fois sur le même point, la dernière fois le travail consistant surtout en marches. Mais le résultat nous donnait pleine confiance.

Le nombre des bourses n'avait que légèrement décru, il est vrai; en revanche, les peuplements avaient repris meilleure mine, ils possédaient deux années de feuilles et nulle part on ne voyait même des sujets isolés complètement ravagés. 840 hectares étaient protégés.

Les résultats de 1896-1897 étaient tout à fait réconfortants.

L'échenillage a été fait à trois reprises. 160 hectares de plus, composés de peuplements trop jeunes et non attaqués en 1895-1896, ont été parcourus également et débarrassés de quelques bourses qui s'y trouvaient. Le nombre des bourses détruites a été de 362,000 seulement, dont 104,000 avec le pétrole. La dépense totale s'est abaissée à 2,085 francs. Les taux sont donc de 0 lit. 51 de pétrole et 0 fr. 58 de dépense totale pour la destruction de 100 bourses.

Le taux de dépense s'est élevé précisément en raison du nombre moindre de bourses. On a parcouru, à trois reprises, 1,000 hectares, soit 3,000 hectares pour détruire seulement 362,000 nids. Ce nombre surtout est une indication. Il est inférieur de plus de deux cinquièmes à celui des années précédentes.

De plus, l'échenillage avait été admirablement réussi. Tandis que les années précédentes il restait toujours quelques bourses isolées, au printemps 1897, au contraire, on pouvait parcourir toutes les plantations des deux périmètres de la Tet sans en trouver une seule habitée.

Malheureusement, pendant que nous arrivions à ces résultats si décisifs, un travail inverse se faisait dans la région environnante. Nos plantations allaient subir la peine du talion. C'est chez elles que le mal avait pris naissance et s'était développé. De 1891 à 1897, nous avions lutté pour le faire disparaître, et de fait il avait disparu, mais seulement des périmètres de reboisement. La Processionnaire s'était peu à peu répandue dans les environs, son aire de dévastation s'étendant en tous sens. Les peuplements résineux voisins, devenus une pépinière inépuisable d'où partaient les vols de papillons, entretenaient l'invasion qui s'abattait sur les jeunes plantations résineuses de l'État. La lutte annuelle était donc indispensable.

La génération de 1897-1898 fut cependant moins importante. 333,000 bourses, dont 86,000 terminales, ont été détruites moyennant une dépense de 2,089 francs et au moyen de 401 litres de pétrole. Le coût de destruction du cent de bourses était donc de 0 lit. 47 de pétrole et 0 fr. 55. Les taux variaient donc peu avec ceux des années précédentes.

La génération de 1898-1899 fut plus importante que celle de 1897-1898, précisément en raison de l'extension de l'invasion dans les peuplements voisins. Une somme de 2,553 francs et un volume de 827 litres de pétrole étaient employés à détruire 456,000 bourses, dont 158,000 terminales. Les **taux** étaient de o lit. 53 de pétrole employé pour détruire cent bourses et o fr. 49 dépensés.

En même temps, la surface à protéger augmentait d'année en année : de 1,000 en 1896, elle passait à 1,050 en 1897, à 1,100 en 1898, et pour se défendre contre la génération de 1899-1900, nous devrons écheniller 1,300 hectares environ. Il y a eu, en effet, une recrudescence d'invasion dans les forêts communales ou particulières qui a eu sa répercussion dans les périmètres de reboisement. Malgré cela, il y a lieu de se féliciter des résultats obtenus. Certaines séries de reboisements, notamment celle de Villefranche où se trouve le vallon de Belloc, premier point où se sont montrées les chenilles en 1888, est restée presque indemne. Un seul et rapide échenillage a suffi pour le débarrasser des quelques bourses qu'on y rencontrait çà et là. Avec quelques séries voisines, on a une étendue boisée de près de 400 hectares absolument bien venants.

D'une façon générale d'ailleurs, les arbres, après avoir reconstitué leur appareil foliacé, ont repris actuellement leur état normal de végétation, ainsi que le montrent bien les tableaux III et IV.

On peut prévoir l'époque, au cas où l'invasion de la Processionnaire persisterait, où certains massifs pourraient se défendre eux-mêmes.

Le tableau V ci-joint donne le résultat des divers échenillages exécutés de 1890 à 1899. Nous avons porté, sur ce tableau, les prix de revient à l'hectare, mais nous devons faire remarquer qu'on ne peut tirer des conclusions probantes de ces chiffres. Ils dépendent, en effet, et de l'importance de l'invasion, et de la facilité du travail résultant de la taille des jeunes arbres. Il arrive aussi que certains massifs, dont le total entre dans le décompte, n'aient été que très peu attaqués; d'où un abaissement considérable du prix de revient. Toutes ces données sont essentiellement variables. Il est à remarquer, cependant, que ce prix s'est abaissé en même

TABLEAU V. — *Résultats des travaux d'échenillage effectués de 1890 à 1899 sur les plantations résineuses (1,100 hectares).*

PÉRIODE de LA GÉNÉRATION COMBATTUE.	SOMMES DÉPENSÉES en FOURNITURES diverses. (francs)	en MAIN-D'ŒUVRE. (francs)	TOTALES. (francs)	NOMBRE de LITRES de PÉTROLE employés. (litres)	NOMBRE D'HECTARES PARCOURUS. (hectares)	PRIX de REVIENT à L'HECTARE. (fr. c.)	NOMBRE DE BOURSES DÉTRUITES par ENLÈVEMENT ou latérales.	par PÉTROLE ou terminales.	TOTALES.	COÛT DU CENT DE BOURSES en QUANTITÉ de pétrole. (litres)	en MAIN-D'ŒUVRE. (fr. c.)	TOTAL. (fr. c.)	OBSERVATIONS. PÉRIODE DU TRAVAIL.
1890-1891.	140	157	297	252	52	5 71	»	»	43,000	0 39	0 37	0 69	Janvier 1891. Sans distinction d'espèces de bourses.
1891-1892.	»	»	»	»	»	»	»	»	»	»	»	»	Pas d'échenillage.
1892-1893.	76	99	175	178	46	3 80	52,400	41,000	93,400	0 43	0 11	0 19	Septembre 1892.
1893-1894.	»	111	2,330	»	»	6 58	44,400	»	44,400	»	0 25	0 25	Pontes récoltées au début de septembre 1892.
	100	309		264	104		74,000	48,000	122,000	0 55	0 25	0 34	Octobre 1893.
	453	1,357		1,375	250		198,000	238,000	436,000	0 58	0 31	0 42	Décembre 1893 et janvier 1894.
1894-1895.	438	1,863	2,300	1,160	540	4 26	426,000	199,000	625,000	0 58	0 29	0 37	Septembre, octobre, novembre et décembre 1894.
1895-1896.	422	2,751	3,193	904	850	3 75	461,000	158,000	619,000	0 57	0 44	0 52	Octobre, novembre, décembre 1895; janvier, mars, avril 1896.
1896-1897.	215	1,870	2,085	526	1,000	2 08	258,000	104,000	362,000	0 51	0 52	0 58	Novembre et décembre 1896; mars et avril 1897.
1897-1898.	146	1,943	2,089	401	1,050	1 91	247,000	86,000	333,000	0 47	0 55	0 63	Octobre, novembre 1897; janvier et mars 1898.
1898-1899.	329	2,224	2,553	827	1,100	2 32	298,000	158,000	456,000	0 53	0 49	0 56	Novembre, décembre 1898; janvier et mars 1899.
TOTAUX.	2,339	12,683	14,922	5,887	4,992	2 99	2,058,800	1,075,000	3,133,800	0 55	0 40	0 48	

temps que l'invasion a diminué. En tout cas, on peut dire que dans les peuplements âgés de douze à quinze ans, même dans les plus grandes invasions, le prix de revient de l'échenillage, si le travail est intelligemment conduit, n'atteindra pas 10 francs par hectare.

Il nous reste à donner des indications précises sur la façon d'opérer.

On compose un chantier avec un surveillant et quinze ouvriers environ. Pour que le travail se fasse bien, il faut, autant que possible, ne pas dépasser ce chiffre. L'action du surveillant sera ainsi plus efficace. Il doit, en effet, veiller à ce que les ouvriers n'oublient aucune bourse. Il les suit en arrière en s'assurant de ce fait. Il veille également à ce que ses recommandations relatives aux précautions à prendre contre les poils, recommandations qu'il fait une fois pour toutes, en constituant son chantier, soient bien observées. Il n'a d'ailleurs que douze ouvriers à surveiller en fait, trois étant employés aux transports et à la surveillance du feu. Il choisit une place bien à l'abri du vent et suffisamment éloignée des massifs résineux pour éviter tout risque d'incendie. Il y installe un ouvrier dont le seul travail consiste à faire brûler les bourses latérales apportées dans des sacs par deux ouvriers faisant un va-et-vient continuel du chantier au foyer.

L'ouvrier qui surveille et alimente le feu se place contre le vent pour éviter l'action des poils urticants.

Sur les douze ouvriers restants, deux ou trois ou quatre, suivant qu'on fait le premier, le deuxième ou le troisième échenillage, sont chargés de verser le pétrole. On s'explique cette augmentation en nombre, par ce fait que ce sont généralement les bourses à pétroler qui échappent à la vue, étant placées au centre, et que plus l'échenillage se fait tardivement, plus il faut de pétrole par bourse. Les ouvriers pétroleurs sont munis de récipients (burettes, bidons, petites cruches, pétroleurs Pillot). Ces récipients sont construits de façon à être facilement saisis dans une seule main et à avoir une extrémité très fine pour ne verser que de très petites doses de pétrole. Les ouvriers pétroleurs s'occupent exclusivement des bourses placées sur la tige terminale ou sur les tiges des deux plus jeunes verticilles. Les autres bourses sont coupées. Pour ne pas trop abîmer l'arbre, on ne sectionne que les bourses placées à l'extrémité des petites branches des verticilles âgés de trois ans au moins. Cette section est opérée par les huit ou neuf ouvriers restants, au moyen d'un sécateur. Les bourses sectionnées sont mises dans de petits sacs et versées dans le grand sac du porteur quand celui-ci approche.

L'opération du pétrolage, qui est la seule délicate, s'opère très simplement. D'une main, l'ouvrier tient le pétroleur; de l'autre, avec un instrument pointu quelconque, il ouvre, au sommet de la bourse, un passage au bec de son pétroleur et il verse, de l'autre main, le pétrole. Quelques gouttes suffisent; nous voyons, en effet, que le taux constant d'emploi de pétrole pour la destruction de cent bourses est d'environ o lit. 55, soit, pour une seule bourse, o lit. oo55.

Il faut commencer le premier travail dès que les jeunes chenilles commencent à dévorer les aiguilles. A ce moment, leur présence sera surtout décelée par le ton roux que prennent les extrémités des tiges dont les aiguilles sont rongées.

Généralement, on pourra opérer fin septembre ou commencement octobre, et terminer vers le 15 novembre. La plus grande partie des chenilles sera ainsi détruite sans que l'arbre ait eu à en souffrir sérieusement. Mais, précisément en raison de l'époque hâtive du travail, plusieurs colonies très jeunes, peu visibles, auront échappé. On recommencera donc dans le courant de décembre. A cette époque, les bourses seront bien formées et seront franchement visibles. Il doit donc en échapper très peu. Mais, en revanche, dans ces périodes généralement très froides, les chenilles sortent surtout le matin, et rentrent quelquefois tard au nid. Il en résulte que le travail fait jusque vers 9 heures du matin est forcément incomplet, de nombreux individus échappant isolément. On ne pourrait éviter ce fait qu'en commençant l'échenillage à 10 heures du matin et, par suite, en ne faisant que deux tiers de journée environ. Or, les ouvriers refusent généralement de ne faire que deux tiers de journée. On pourrait aussi, et c'est ce que nous avons eu quelquefois l'occasion de faire, constituer, quand c'est possible, le chantier en vue de deux genres de travaux; par exemple, des semis de glands ou des plantations d'automne et de l'échenillage. Le matin, le chantier effectue les semis ou les plantations, le soir, il échenille. Mais il faut, pour cela, deux conditions se réunissant bien rarement : que les deux travaux s'exécutent simultanément et dans la même région.

Il faut donc en prendre son parti et se rendre compte que des sujets isolés échapperont. Ceux-ci se réunissent, et, des débris de plusieurs nids, forment une seule colonie qui va édifier une nouvelle bourse. La nouvelle colonie est très réduite, quelquefois ramenée à un seul ou deux individus. De plus, les bourses sont peu nombreuses.

Les chenilles ne commettent plus que des dégâts insignifiants. On peut donc attendre le moment le plus propice pour leur destruction, celui où elles sont le plus visibles, soit les mois de mars et d'avril. Alors, dès 6 heures du matin, elles restent enfermées dans leur nid et la destruction de la bourse assurera la destruction de la colonie entière.

C'est donc à cette époque qu'on fera le troisième et dernier échenillage. Si le surveillant a bien fait son devoir, il y a lieu d'espérer qu'il ne restera plus de bourses et que l'invasion de l'année à venir n'aura lieu que par l'arrivée de papillons d'autres régions.

Mais cette méthode, en l'efficacité de laquelle nous avons confiance absolue, n'est applicable qu'aux peuplements encore jeunes. Quand les peuplements atteignent une vingtaine d'années, son emploi est bien difficile. Il est vrai qu'arrivés à cet âge, les arbres, plus vigoureux, résistent mieux. De plus, nous avons vu que les jeunes peuplements attirent, de préférence, les chenilles, et que ce sont sur eux que les dégâts sont les plus funestes. Ce sont donc ces jeunes peuplements qu'il importe surtout de protéger.

D'ailleurs, même en admettant que les arbres déjà un peu grands supportent facilement les attaques de quelques colonies, il faut lutter pour prévenir les invasions futures. C'est pour les arbres d'assez grande taille que le très ingénieux échenilloir inventé par M. Pillot, garde général des eaux et forêts, rendra de remarquables services. Il se compose d'un récipient conique, d'une capacité d'un litre environ. A la base du cône s'emmanche une perche de la hauteur des plus hauts sujets à atteindre. La perche est sur le prolongement de cette base. Le sommet du cône se termine par un trou de fort petit diamètre, et d'une pointe, en métal solide, recourbée en arc de cercle et très aiguë. Tout le long de cette pointe est ménagé un sillon. L'ouverture du sommet du cône est obturée par un petit tampon de liège fixé à l'extrémité d'une tige rigide en métal. Cette tige est reliée à un ressort placé sur la base du cône, qui la tend et ferme hermétiquement l'ouverture. Une cordelette, attachée à ce ressort et de la longueur de la perche, permet de relâcher la tige et, par suite, de provoquer l'écoulement du liquide.

Près de la base, en face de la perche, est ménagée une grande ouverture pour l'introduction du liquide. Le réservoir plein est fermé par un bouchon. Ce bouchon est lui-même muni d'un petit tube en métal, de façon à permettre l'introduction de l'air pour faciliter l'écoulement.

Le mode d'emploi est des plus simples. L'ouvrier parcourt les peuplements. Dès qu'il aperçoit un nid, il enfonce le bec de l'appareil au sommet du nid, il tire la cordelette pendant un instant, le pétrole tombe et tue les insectes. L'emploi du pétroleur Pillot paraît indiqué pour les peuplements de vingt à vingt-cinq ans. On l'emploie concurremment avec la première méthode exposée, car un grand nombre de bourses sont encore sur des branches basses à portée des ouvriers. Mais il y a toujours des oublis. Il peut également arriver que l'instrument ne fonctionne pas bien. Il reste généralement toujours des bourses sur les plus grands sujets.

M. Fabre, inspecteur des eaux et forêts, à Nîmes, a fait essayer un autre procédé. Détruire la bourse en la brûlant au moyen du brûleur ou flambeur Gaillot. L'idée est séduisante, mais son exécution n'a pas donné les résultats espérés.

A part le prix de revient plus élevé que celui de l'échenillage au pétrole, on a constaté que de nombreuses chenilles échappaient au feu. La bourse est très dure à brûler. Nous avons vérifié ce fait dans la crémation des bourses mises en tas, où l'ouvrier doit activer vivement le foyer. Et les chenilles qui ne sont pas touchées directement par la flamme survivent. Le procédé n'est donc pas à recommander.

On peut essayer de détruire les chenilles lors de l'émigration pour la nymphose. On recommande, à cet égard, l'emploi du coaltar autour de l'arbre. Mais nous avouons que, jusqu'à présent, les résultats ont été peu encourageants. D'abord, le goudron étant nuisible, il faut faire l'enceinte sur la terre, d'où dépense plus grande, ou sur une ceinture en papier à la base de l'arbre, ce qui est bien incommode et bien peu pratique. En outre, le goudron se sèche rapidement, et, au bout de quatre à cinq jours, souvent deux à trois, s'il fait du vent, règle générale dans la région, la chenille le traverse impunément. On ne peut donc le placer avec profit, que la veille du jour de l'émigration. Or, cette date est très variable. Nous avons vu qu'elle peut avoir lieu depuis le 15 mars jusqu'au 15 mai, sans indication précise. De plus, si les chenilles rencontrent un obstacle, elles retardent d'elles-mêmes leur départ. On conçoit, dans ces conditions, combien l'emploi du goudron est peu sûr. Le goudron serait plus utilement employé sur les jeunes plantations en badigeonnant la bourse elle-même, mais, outre que la chenille, qui vit plusieurs jours sans manger, peut attendre, ce qu'elle fait, dans son nid le séchage du coaltar, de plus, ce pro-

cédé, bien moins efficace, est beaucoup plus coûteux, et comme main-
d'œuvre et comme fourniture, que l'emploi du pétrole associé à la
section des bourses latérales.

M. Valéry-Mayet propose, pour prévenir le séchage du goudron,
de l'associer à de la graisse de porc fondue. Mais le prix de revient
est plus élevé, et il ne faut pas oublier qu'à ce moment la chenille
a déjà causé tous ses ravages. Ce n'est plus qu'un moyen préventif
contre la génération future.

Quant aux autres produits insecticides, certains donnent de bons
résultats : solutions d'acide phénique à 5 p. 100 de sublimé corrosif au même titre, d'huile. Mais leur emploi, beaucoup plus coûteux que celui du pétrole, est également plus difficile et ils
paraissent agir, l'huile notamment, avec une bien moindre énergie.

L'emploi des maladies cryptogamiques n'est encore qu'à l'état
d'étude.

Chrysalide. — La destruction de la chrysalide ne peut être
tentée que dans des conditions particulières. Il faut d'abord,
comme lorsqu'il s'agit de récolter les œufs, se trouver en face d'une
invasion exceptionnelle. Il faut également que les peuplements
résineux soient sillonnés de nombreux chemins, allées, pare-feu,
clairières, etc., où la présence de terres meubles permet de reconnaître le point de nymphose. Dans ces conditions, on peut ramasser
les chrysalides à assez bon compte. C'est ainsi que M. Anterrieu,
garde général des eaux et forêts à Bédarieux, a pu détruire un
grand nombre de cocons récoltés dans le périmètre de la Lergue et
payés à raison de 1 fr. 50 le mille.

Ce procédé de destruction est forcément le plus incomplet de
tous. On ne peut espérer détruire qu'un nombre limité de chrysalides, la majeure partie échappant. D'autre part, si l'on attend,
pour détruire la Processionnaire, qu'elle ait atteint cette forme,
elle a accompli tous ses ravages. Enfin, si on tient compte de ce
fait, que le prix moyen de la destruction de 100 bourses n'a jamais

dépassé o fr. 55, que chaque bourse contient entre 200 et 600 chenilles, qui donneront de 2,000 à 6,000 chrysalides, on voit combien est plus économique la destruction de la chenille.

Ce n'est donc que tout à fait exceptionnellement qu'il y aura lieu de s'occuper de la chrysalide, lors, par exemple, qu'on se sera laissé surprendre par une invasion exceptionnelle, qu'on n'aura pas pu prévenir et qu'on voudra, au contraire, faciliter les échenillages à faire contre la génération future, qui sera diminuée d'autant de bourses qu'il y aura de chrysalides femelles récoltées.

Papillon. — Il en est de même du papillon. Nous avons essayé soit d'allumer des feux, soit de tendre, la nuit, de grands draps blancs éclairés par de vives lumières, dans l'espoir ou que les papillons se brûleraient, ou qu'ils viendraient se poser sur les draps où on n'aurait qu'à les prendre et les détruire.

Si on était arrivé à des résultats sérieux, on aurait pu associer ce procédé aux autres indiqués plus haut. Mais, malgré la fréquence des essais de ce genre, faits précisément pendant les années de grandes invasions, malgré la diversité des emplacements choisis, nous n'avons jamais pu capturer que quelques rares échantillons.

Quant à prendre le papillon de jour, il faut absolument y renoncer, à ce point que, malgré l'énorme quantité de chenilles qui existent dans certaines régions, les collectionneurs éprouvent des difficultés à se procurer des échantillons de l'insecte parfait.

Arrivé au terme de cette étude, il ne nous reste plus, en la résumant très succinctement, qu'à en tirer la conclusion.

La Processionnaire du pin est un ennemi redoutable des jeunes plantations résineuses, qu'on doit chercher à détruire par tous les moyens, en ne ménageant ni argent, ni travail. Sinon on s'exposerait à perdre, très rapidement, le bénéfice des travaux considérables ayant occasionné de fortes dépenses et d'une utilité de premier ordre.

C'est sous forme de chenille seulement que l'insecte commet ses ravages. Il attaque, de préférence, les jeunes sujets de six à vingt ans environ, qui sont d'autant plus sensibles, qu'ils sont plus jeunes. Les attaques, répétées plusieurs années de suite, suffisent, seules, pour tuer le jeune arbre; mais la chenille est toujours aidée, dans cette œuvre de destruction, par d'autres insectes, coléoptères principalement, qui, venant à la curée, s'abattent sur les sujets affaiblis.

La Processionnaire a des préférences bien marquées. L'ordre d'attaque peut, dans notre région, être établi ainsi : pin sylvestre et pin noir d'Autriche à peu près au même rang, puis pin à crochets, pin laricio de Corse, pin maritime, pin parasol, pin d'Alep et pin laricio de Salzmann. Ces arbres sont eux-mêmes inégalement sensibles aux attaques de l'insecte. L'ordre de sensibilité décroissante est le suivant : pin noir d'Autriche, pin à crochets; pin sylvestre, pin laricio de Corse, pin parasol, pin d'Alep et pin laricio de Salzmann. Le pin maritime occupe un rang difficile à déterminer. Tout jeune, il vient de suite après le pin à crochets; plus âgé, il est relégué à l'avant-dernier rang. Il résulte de ces deux classifications que les peuplements qui ont le plus à craindre et qu'on doit, par conséquent, protéger le plus, sont ceux de pin noir d'Autriche, puis ceux de pin sylvestre, de pin laricio de Corse et de pin maritime dans sa jeunesse, les peuplements de pin d'Alep et de pin laricio de Salzmann restant à peu près indemnes, sauf les années exceptionnelles d'invasion.

La Processionnaire du pin ne peut être efficacement combattue que sous trois de ses formes : œuf, chenille et chrysalide. La récolte des œufs n'est facilement réalisable que les années de grandes invasions et, comme elle est forcément incomplète, elle doit être toujours suivie de la lutte contre la chenille. La récolte des chrysalides est encore plus rarement réalisable; de plus, c'est un moyen préventif contre la génération future et forcément des plus incomplets.

La lutte contre la chenille n'est réellement bien pratique que sur les sujets de moins de trente ans; sur les sujets âgés de vingt à trente ans, elle rend des services appréciables, mais elle n'est d'une efficacité absolue que sur les jeunes plantations.

Cette lutte doit être engagée dès l'apparition des premières bourses ou colonies, et il faut se garder de la retarder, sous prétexte que celles-ci sont peu nombreuses. A ce moment, en effet, elle sera facilement couronnée de succès à peu de frais, en même temps qu'elle est nécessaire pour supprimer les invasions ultérieures. Mais si l'on s'est laissé surprendre par celles-ci, il faut immédiatement se mettre à l'œuvre et engager la lutte.

Les chenilles sont combattues par le pétrole qui les tue dans l'intérieur des bourses placées à l'extrémité des plus jeunes verticilles et sur les branches terminales. Quelques gouttes versées dans la bourse suffisent. Les bourses placées sur les branches latérales composant les verticilles âgés de plus de trois ans, sont enlevées par la section de la branche et brûlées à l'écart. L'échenillage commencera dès que les bourses seront visibles, sans attendre que l'arbre ait souffert des attaques des chenilles. Il sera renouvelé autant de fois qu'il sera nécessaire. La lutte doit être générale pour être efficace. Il faut qu'elle soit rendue obligatoire pour tous, État aussi bien que particuliers; que des arrêtés préfectoraux, prescrivant les échenillages, soient rendus et qu'ils ne restent pas lettre morte. Si l'État donne l'exemple de la lutte, il doit exiger que les particuliers le suivent dans cette voie et, par suite, il a à veiller à la bonne exécution des mesures nécessaires.

Il importe enfin de tenir compte des indications données par la présente étude, lors de la constitution de massifs forestiers dans la région méridionale.

Chaque fois qu'on le pourra, on emploiera les feuillus. Si les sols sont trop pauvres, ou que l'emploi des résineux soit forcé, comme dans les sables, par exemple, on choisira les essences les plus résistantes, parmi même, si c'est possible, dans les essences spontanées de la région. L'emploi du pin noir ne devra être fait qu'à la dernière extrémité; ce n'est que bien rarement qu'on ne pourra pas le remplacer par une autre espèce, notamment par le pin laricio de Salzmann.

Il n'y a, en effet, que peu d'illusions à se faire sur le sort des plantations résineuses hors de leur aire. On ne les préservera qu'avec beaucoup de peine et d'argent. C'est là une constatation pénible, mais il vaut mieux savoir à quoi s'en tenir et prendre ses précautions à l'avance.

· De plus, tous les peuplements résineux sont à la merci du moindre de ces incendies si fréquents dans la région méditerranéenne. Enfin, leurs produits sont de bien faible valeur. Il faut donc les considérer, en général, comme des essences de transition, dont le seul but est de permettre l'amélioration du sol et l'installation, à leur abri, de peuplements plus utiles et plus résistants. Si donc, on peut prolonger la vie des résineux jusqu'au moment où ces derniers peuplements seront complètement constitués, on en aura obtenu tout ce qu'on pouvait légitimement leur demander. Leur rôle sera rempli et il n'y aura plus qu'à les supprimer pour laisser leurs successeurs se développer à l'aise et récompenser les persévérants efforts accomplis jusqu'à ce moment.

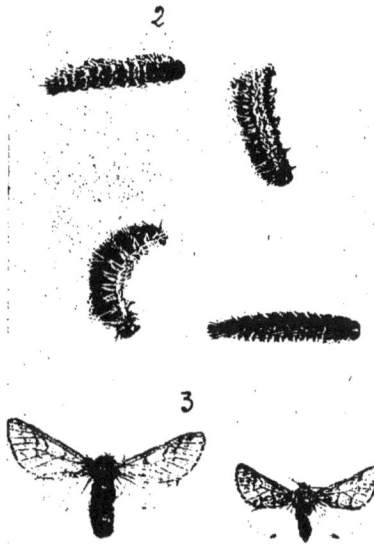

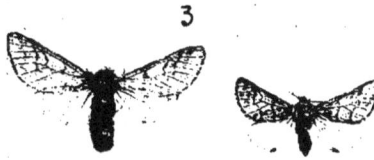

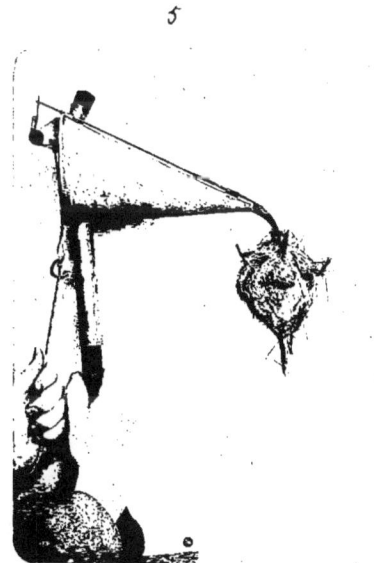

I. — 1. Œufs de divers âges. — 2. Chenilles. — 3. Papillons mâle et femelle.
4. Chrysalides dans leur cocon. — 5. Emploi de l'injecteur Pillot.

II. — Forêt de Fuilla. — Pin sylvestre de 15 ans chargé de bourses de chenilles.

III. — FORÊT DE FUILLA. Pin attaqué par une colonie de chenilles agglomérées, sans bourses.

IV. — Massif de pins sylvestres attaqués par les chenilles. — Au second plan, massif de pins laricios de Salzmann indemne.

V. — Pins sylvestres de 20 à 30 ans, envahis par les chenilles. Exposition nord. Altitude 1500 à 1700 mètres.

VI. — Pins sylvestres au début d'une invasion. Exposition nord. Altitude 1600 m.

VII. — Pins rongés par les chenilles. Exposition sud. Altitude 1600 mètres.

VIII. — Un chantier d'échenillage.

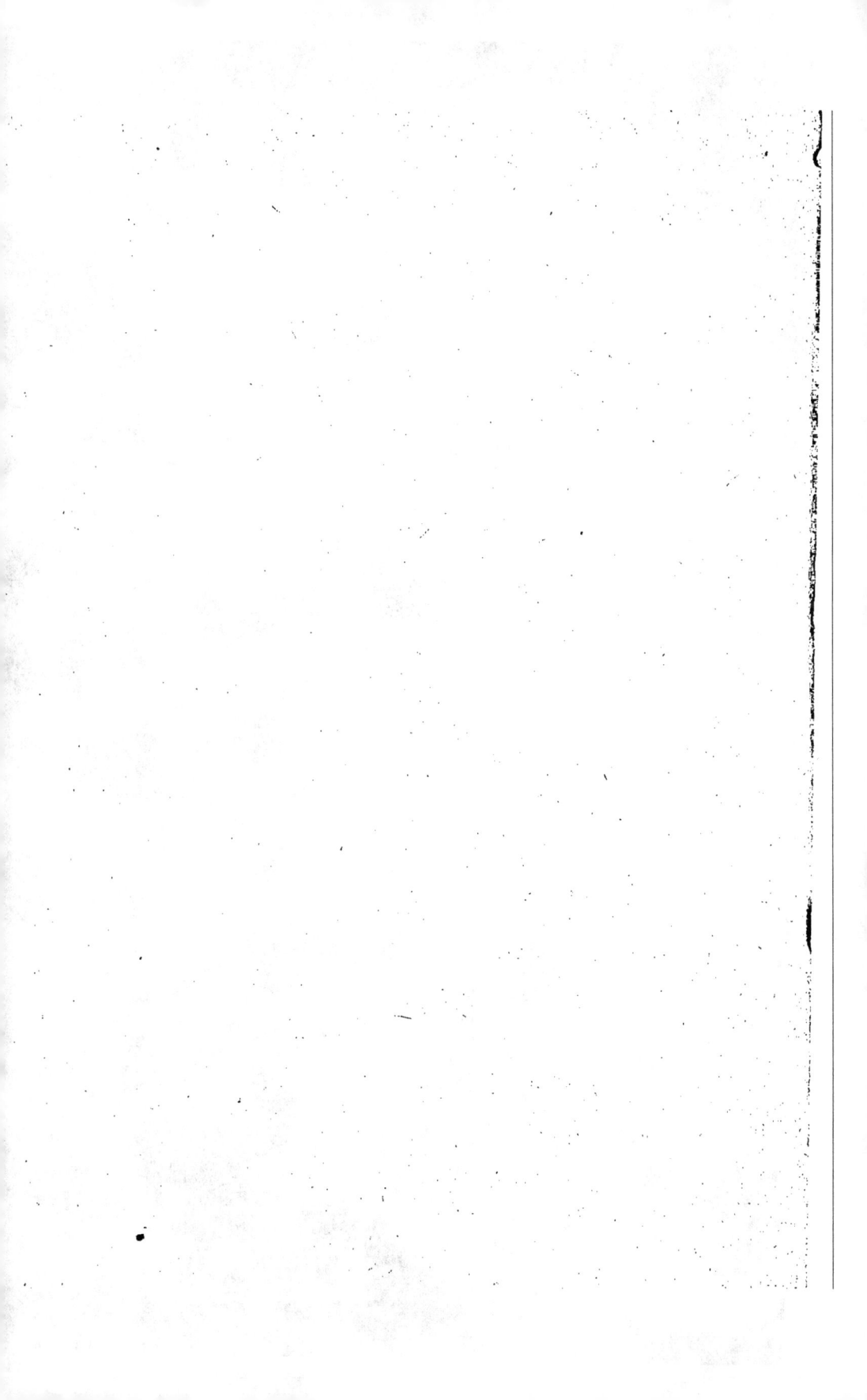